1週間で

AWS認定資格の基礎が学べる本

株式会社NTTデータ
鮒田 文平／
株式会社NTTデータ フィナンシャルテクノロジー
相川 諒太／
株式会社NTTデータ ビジネスシステムズ
日暮 拓也 著

株式会社NTTデータ
川畑 光平 監修

インプレス

インプレスの書籍ホームページ
書籍の新刊や正誤表など最新情報を随時更新しております。
https://book.impress.co.jp/

はじめに

昨今の情報社会は、変動性が高い現象やモノが多く、未来が予測しにくくなっています。そのため、ビジネスを取り巻く環境の変化は年々激しさを増しています。そして、それに応えるかのように、AWSをはじめとしたパブリッククラウドの需要は高まり続けているように思います。AWSが2006年にサービス提供を始めてから、17年が経ちました。はじめの頃こそ、パブリッククラウドであるAWSの採用を敬遠していた企業も多かったのですが、その採用数は年月とともに順調に増加し、今では日本の官公庁向けシステムでもAWSが採用されているほどです。皆さんの身近なところでも、民放公式テレビ配信サービスの「TVer」やスマホ決済サービスの「PayPay」、スマホゲームの「マリオカート ツアー」や「パズル＆ドラゴンズ」など、いたるところでAWSが採用されています。いまやAWSは、パブリッククラウドにおけるデファクトスタンダードの1つであることは間違いありません。

AWS認定クラウドプラクティショナーは、これからAWSの学習を始めようとしている初学者が、まず取得を目指すのに適した資格です。本書は、AWS認定クラウドプラクティショナーの学習を基礎から始めたい方に向けた書籍であり、一般的な受験対策書籍で学習を進めるための前準備を行うことを目的としています。そのため、基本的なIT用語についてもなるべく丁寧に解説を行っており、段階を追って知識を習得できるように配慮した構成になっています。本書を活用し、一人でも多くの方が、AWS認定クラウドプラクティショナーを取得されることを願っております。

2023年3月

著者

本書の特徴

AWS認定資格取得の準備のための入門書

本書は、AWS認定クラウドプラクティショナーの受験対策書籍を読む前の下準備として、パブリッククラウドやAWSの基礎を学習するための書籍です。ITの基礎知識は有しているものの、AWSについてはこれから学ぼうとしている人に向けた内容としています。

受験対策書籍は、試験の出題範囲に沿って解説されています。まだ基礎知識を習得していない人にとっては、そもそもAWSとはどのようなものであり、AWSを用いることで何が実現できるのかがわからないため、解説内容を理解するのは困難です。そこで本書は、AWSの全体像を把握しながら一つひとつのサービスの基本や、それらを組み合わせることでどのようなITサービスが実現できるのかを丁寧に解説することで、次のステップとなる受験対策にスムーズにシフトできるようにしています。

●本書の学習範囲イメージ

1週間で学習できる

本書は、「1日目」「2日目」のように1日ずつ学習を進め、1週間で1冊を終えられる構成になっています。1日ごとの学習量も無理のない範囲に抑えられています。計画的に学習を進められるので、受験対策までの計画も立てやすくなります。

ITサービスの構築を疑似体験できる

情報を体験的に習得することは、学習の生産性を非常に向上させます。例えるのであれば、自動車の運転免許の試験を受ける前に、実際に運転してみるというステップを加えることにより、運転免許の筆記試験の勉強の学習効率を格段に上げられることに似ています。

本書では、1週間を通じて、実際にITサービスを構築する流れを疑似体験できるような構成としています。そのため、AWSサービス同士がどのように関連しあうのかを、順を追って学ぶことができます。

本書の全体像

本書では1週間を通して、以下の図のようなシステム構成に用いられる、AWSサービスについて学びます。1日目は、クラウドの基礎とAWS全般にわたる知識を学びます。2日目から4日目では、ネットワークやサーバー、データベースという、ITサービスの根幹を担うサービスを、5日目以降は、ITサービスを運用する上で欠かせないストレージやセキュリティ、運用関連のサービスを学びます。今はまだ理解できないかと思いますが、1週間の学習を終える頃には理解できるようになっているでしょう。どの部分について学習を行っているのか、常に意識しながら読み進めるとよいでしょう。

●本書で取り上げるシステムの構成例

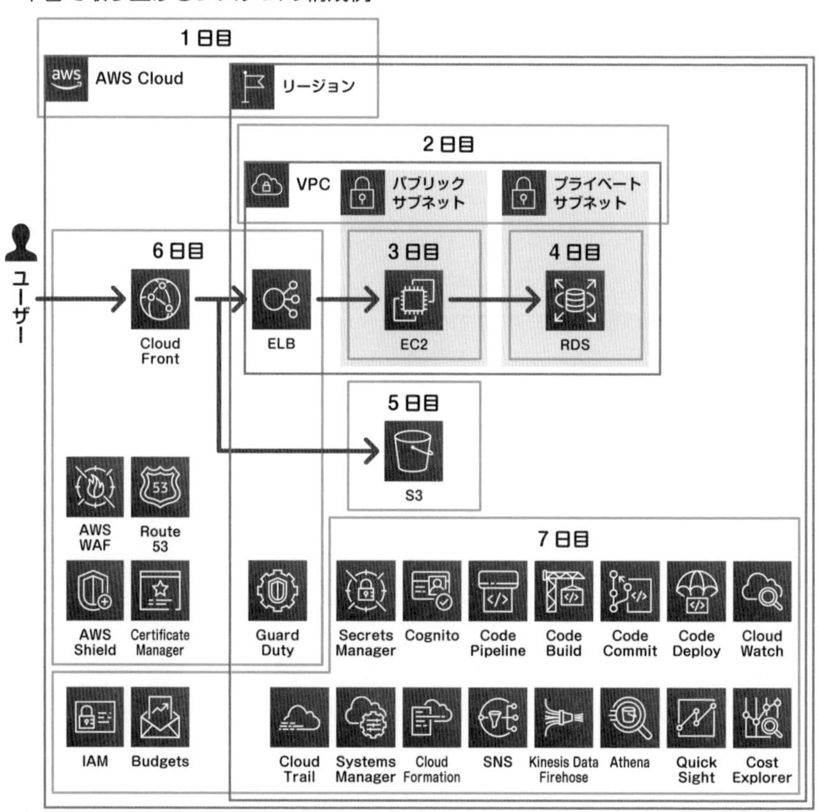

AWS認定資格の基礎

AWS認定クラウドプラクティショナーとは

AWS認定とは、AWS社が提供するクラウド製品・サービスに関するスキルと知識を認定する資格制度です。AWS認定は、幅広い知識が求められる役割別認定と、特定の技術分野の高度な知識が求められる専門知識認定に分かれます。AWS認定クラウドプラクティショナーは、役割別認定の中で最も基礎的な資格です。

●AWS認定資格の体系

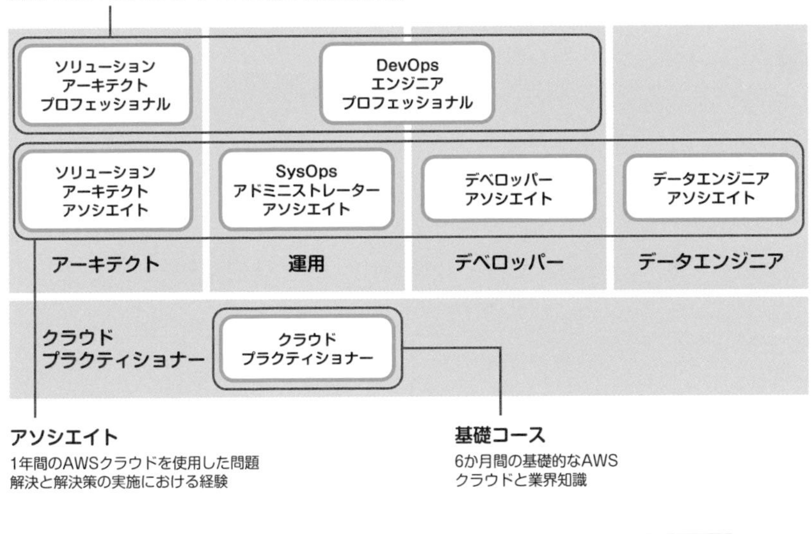

試験の概要

AWS認定クラウドプラクティショナーを受験するために、必要な前提資格はありません。また、定期的に一斉開催される試験ではなく、受験者が任意のタイミングで受験できる試験です。

- 試験時間：90分
- 受験料：15,000円（税別）
- 受験の前提資格：なし
- 受験日・場所：希望の日時、場所を指定
- 問題形式：以下の2つの形式で出題
  - 択一選択問題：4つの選択肢から、1つの正しい選択肢を選択する
  - 複数選択問題：5つ以上の選択肢のうち、指定された数の正しい選択肢を選択する

要求される技術レベル

AWS認定クラウドプラクティショナーの試験では、以下の能力が要求されます。

- AWSクラウドの価値を説明する
- AWSの責任共有モデルを理解し、説明する
- セキュリティのベストプラクティスを理解する
- AWSクラウドのコスト、エコノミクス、請求方法を理解する
- コンピューティングサービス、ネットワークサービス、データベースサービス、ストレージサービスなど、AWSの主要なサービスを説明し、位置付ける
- 一般的なユースケース向けのAWSのサービスを特定する

出題分野とその比率は、以下の通りです。

分野	内容	出題の比率
第1分野	クラウドのコンセプト	24%
第2分野	セキュリティとコンプライアンス	30%
第3分野	クラウドテクノロジーとサービス	34%
第4分野	請求、料金、およびサポート	12%

※本書に掲載している試験情報は執筆時点のものであり、今後変更される可能性があります。

本書を使った効果的な学習方法

クラウドの基本を押さえる

AWSが提供するサービスのほとんどは、クラウドを利用して提供されます。そのため、そもそもクラウドとはどういったものか、クラウドの基本から押さえておくことで、AWSが提供するサービスに共通する特徴やメリットを理解することができます。また、本書の学習と並行して、実際にAWSに触れながら学習を進めると、より理解を深められます。

試験のポイントを確認しておく

解説には、試験に役立つ情報も記載されています。資格のアイコンがついた説明では、試験でどのような内容が問われるのかなどについて記載していますので、確認しながら読み進めると効率的に学習できます。

試験問題を体験してみる

試験にトライ! は、実際の試験で問われるような内容を想定した問題です。この問題を解くことによって、試験問題の傾向や問われるポイントなどをつかめます。

おさらいでその日に学習した内容を復習する

1日の最後には、おさらいで学習を締めくくります。問題を解き、解説をきちんと理解できているかどうか確認しましょう。各問題の解答には該当する解説のページが記載されていますので、理解が不十分だと感じたらもう一度解説を読みます。しっかり理解できていることが確認できたら、次の学習日に進みましょう。

本書での学習を終えたら

AWS認定に向けて

本書を使った1週間の学習を終えた頃には、AWSについて基礎的な知識が身に付いているはずです。学習を始めた段階の知識量にもよりますが、本書での学習に加えて、20時間から40時間程度の学習時間を見込んでおくとよいでしょう。ここでは、受験に向けた具体的な学習方法として、2つの方法を紹介します。

● 受験対策書籍

受験対策の書籍で学習する方法です。費用が安く、一般のAWS技術解説書よりも出題範囲に沿った内容となっているため、効率的に学習できます。

● 公式教材

AWSが提供する以下のような公式教材で学習する方法です。AWS認定試験の出題形式や問題文に慣れておくことも、資格取得に向けて欠かせないポイントです。特に練習問題集や模擬試験は積極的に活用しましょう。

- 練習問題集
- 模擬試験
- ウェビナー

AWS認定を取得したら

AWS認定クラウドプラクティショナーの取得をきっかけに、より上位の資格取得を狙う方もいるでしょうし、より実用的なスキル習得を狙う方もいるでしょう。その際も、本書で学んだAWSの基礎的な知識は十分に役立ちます。認定取得後の学習方法の一例を以下に記載するので、興味のある方はぜひ目を通してください。

AWS Black BeltとAWS Whitepapers

AWS Black Beltとは、各AWSサービスについてAWS社のエンジニアが解説を行うセミナーで、過去のアーカイブについてもAWS公式ページから閲覧できます。

AWS Whitepapersとは、AWSが提供する技術解説資料で、AWSでシステムを構築および運用する上でのベストプラクティスなどが整理されています。どちらも、AWSについて体系的に学習する上で有益なコンテンツですので、先述したAWSの公式教材とあわせて確認しておくとよいでしょう。

AWS re:InventとAWS Summit

AWS re:Inventとは、AWSが開催するイベントの中で最大のカンファレンスイベントです。例年、ラスベガスで開催されており、オンライン配信も行われます。多くの新しいAWSサービスが発表されることもあり、非常に活気のあるお祭りのようなイベントです。ここで発表された新しいAWSサービスが、すぐに認定試験に登場するわけではないですが、最新のAWS動向をキャッチアップする必要があれば押さえておきましょう。

AWS Summitとは、AWSが世界各国で開催するカンファレンスイベントです。日本でも開催されており、オンライン配信も行われます。新しいサービスが発表されるわけではないですが、日本国内におけるAWS採用事例の紹介講演や、初心者向け講演が行われるため、AWSの理解を深められます。実際に現地参加するとAWSを学習するモチベーションも向上するため、機会があれば参加してみるとよいでしょう。

本書の使い方

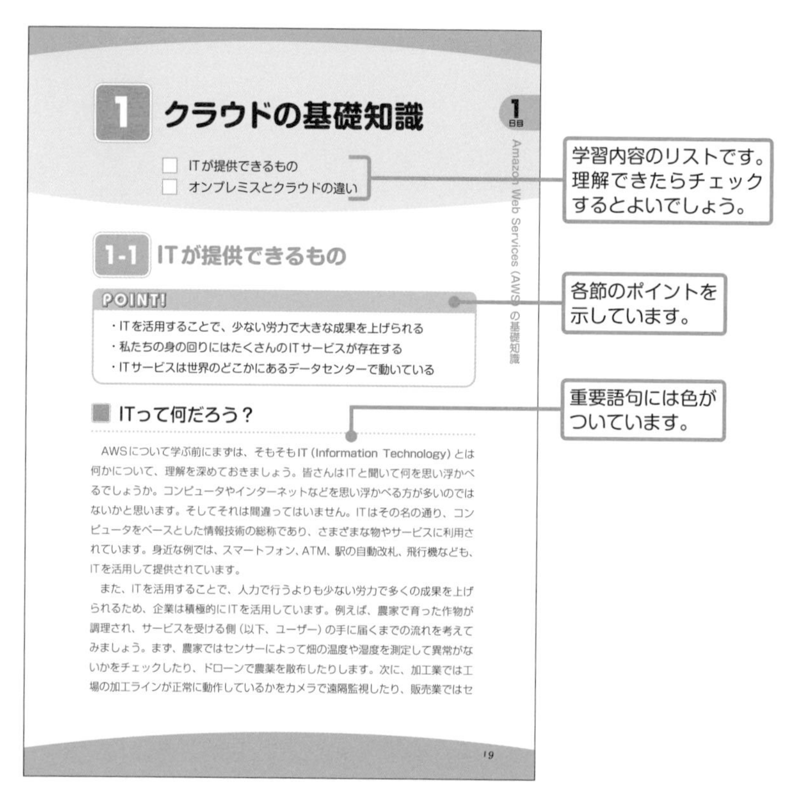

1 クラウドの基礎知識

1日目

- IT が提供できるもの
- オンプレミスとクラウドの違い

1-1 IT が提供できるもの

POINT!

・IT を活用することで、少ない労力で大きな成果を上げられる
・私たちの身の回りにはたくさんの IT サービスが存在する
・IT サービスは世界のどこかにあるデータセンターで動いている

IT って何だろう？

AWSについて学ぶ前にまずは、そもそもIT（Information Technology）とは何かについて、理解を深めておきましょう。皆さんはITと聞いて何を思い浮かべるでしょうか。コンピュータやインターネットなどを思い浮かべる方が多いのではないかと思います。そしてそれは間違ってはいません。ITはその名の通り、コンピュータをベースとした情報技術の総称であり、さまざまな物やサービスに利用されています。身近な例では、スマートフォン、ATM、駅の自動改札、飛行機なども、ITを活用して提供されています。

また、ITを活用することで、人力で行うよりも少ない労力で多くの成果を上げられるため、企業は積極的にITを活用しています。例えば、農家で育った作物が調理され、サービスを受ける側（以下、ユーザー）の手に届くまでの流れを考えてみましょう。まず、農家ではセンサーによって畑の温度や湿度を測定して異常がないかをチェックしたり、ドローンで農薬を散布したりします。次に、加工業では工場の加工ラインが正常に動作しているかをカメラで遠隔監視したり、販売業ではセ

Amazon Web Services (AWS) の基礎知識

19

学習内容のリストです。理解できたらチェックするとよいでしょう。
各節のポイントを示しています。
重要語句には色がついています。

● 本書で使われているマーク

マーク	説明	マーク	説明
重要	AWSについて学ぶ上で必ず理解しておきたい事項	資格	勉強法や攻略ポイントなど、資格取得のために役立つ情報
注意	操作のために必要な準備や注意事項	用語	押さえておくべき重要な用語とその定義
参考	知っていると知識が広がる情報	試験にトライ!	実際の試験を想定した模擬問題

3日目　AWSに仮想サーバーを作る

4日目　AWSにデータベースを作る

5日目　AWSに画像や動画を保存する

6日目 Webサービスを公開する

7日目 ITサービスを運用する

1日目

Amazon Web Services (AWS)の基礎知識

1日目で学ぶこと

- クラウドの基礎知識
- AWSの基礎知識
- AWSの利用開始方法
- AWSの利用場所

1日目では、これから7日間にわたってAmazon Web Services（AWS）を学ぶための基礎知識を学習します。ITサービスの概念、クラウドとオンプレミスの違い、停止しづらいITサービスに必要な要素、AWSの利用開始方法、AWSの利用場所であるリージョンやアベイラビリティーゾーン（AZ）などの概念を学びます。

●1日目の学習内容

1日目

AWS Cloud

リージョン

ユーザー

1 クラウドの基礎知識

- IT が提供できるもの
- オンプレミスとクラウドの違い

1-1 IT が提供できるもの

POINT!

・IT を活用することで、少ない労力で大きな成果を上げられる
・私たちの身の回りにはたくさんの IT サービスが存在する
・IT サービスは世界のどこかにあるデータセンターで動いている

IT って何だろう？

AWS について学ぶ前にまずは、そもそも IT（Information Technology）とは何かについて、理解を深めておきましょう。皆さんは IT と聞いて何を思い浮かべるでしょうか。コンピュータやインターネットなどを思い浮かべる方が多いのではないかと思います。そしてそれは間違ってはいません。IT はその名の通り、コンピュータをベースとした情報技術の総称であり、さまざまな物やサービスに利用されています。身近な例では、スマートフォン、ATM、駅の自動改札、飛行機なども、IT を活用して提供されています。

また、IT を活用することで、人力で行うよりも少ない労力で多くの成果を上げられるため、企業は積極的に IT を活用しています。例えば、農家で育った作物が調理され、サービスを受ける側（以下、ユーザー）の手に届くまでの流れを考えてみましょう。まず、農家ではセンサーによって畑の温度や湿度を測定して異常がないかをチェックしたり、ドローンで農薬を散布したりします。次に、加工業では工場の加工ラインが正常に動作しているかをカメラで遠隔監視したり、販売業ではセ

ルフレジにより少ない従業員で店舗運営をしたりします。さらに、これらをつなぐ流通業では、倉庫における商品の仕分けを自動化したり、ドライバーに適切な配達ルートを表示して配送時間を短縮したりします。

●ITが提供できるものの例（流通の場合）

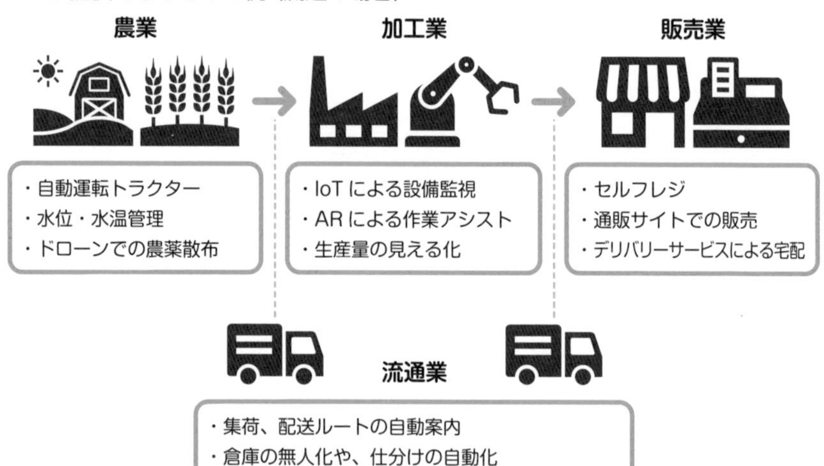

このように、ITは私たちの生活を支える基盤として、また、企業がよりよいサービスを提供する基盤として、さまざまな場所で活用されています。

ITサービスとは

先ほどの農業の例では、農作業を行う人が、自分自身の労力を減らしたり作業効率を上げたりするためにITを活用しています。一方、インターネットなどを通じてユーザーにサービスを提供し、ユーザーの労力を減らしたり利便性を上げたりすることで、対価として金銭を得るためにITを活用することがあります。このようなサービスを、**ITサービス**と呼びます。

例えば、Amazon.comや楽天市場では、購入者と出店者はどちらもショッピングモール型ECサイト（以降、ECサイト）というITサービスを利用するユーザーとして考えられます。購入者はスマートフォンなどから好きな商品を購入できるため、店舗に足を運ぶよりも労力を抑えられます。さらに、月額のサービス利用料を支払うことで、商品の配送料が常に無料になったり、無料で動画などのコンテンツを閲覧できたりするため、利便性が向上します。一方、出店者は自分の商品を有名なECサイト上で販売することで売上の向上が見込めますが、その対価としてECサイトに販売手数料を支払います。

●ITサービスの例

このようなITサービスはAmazon.comや楽天市場だけではありません。Webブラウザを利用してメールのやりとりを可能にするGmailや、動画を配信・閲覧できるようにするYouTube、近くの飲食店の商品を自宅に配達してもらえるUber Eatsなど、ITサービスは私たちの生活に欠かせない存在となっています。

ITサービスはどこで動いているのか

前述の通り、世の中にはAmazon.comやYouTube、Uber EatsなどたくさんのITサービスがあります。では、こういったITサービスを提供するシステムは、一体どこで動作しているのでしょうか。

答えは「世界のどこかの街にあるサーバー上で動いている」です。もちろん、1台のサーバーで世界中の人にITサービスを提供するには処理能力が足りません。そのため、複数台のサーバーを1箇所に集めて同じ処理を実行しています。このようなサーバー群の置き場所を**データセンター**といいます。

●ITサービスは世界のどこかの街にあるサーバー上で動いている

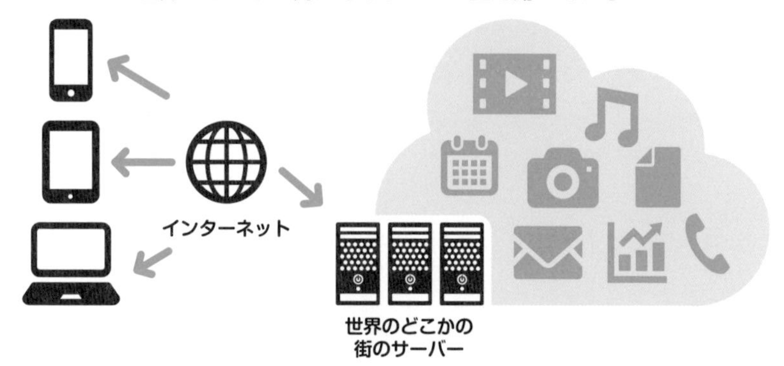

サーバー

サーバーは、ユーザーの要求に応じて処理を行ったり、ネットワークを介して他の端末にファイルやデータを提供したりするコンピュータのことです。パソコンと同様に、計算処理を行うCPUや、一時記憶領域であるメモリ、長期保存領域であるHDDなどで構成されています。パソコンとの違いは、サーバーは長期間動作し続けることに特化した部品を使用していることや、より複雑で長時間の処理を行うために、CPUの処理性能や、メモリ・HDDの容量が一般用のパソコンと比較して大きいことなどが挙げられます。

ITサービスは何でできているのか

続いて、ITサービスを提供するシステムがどのような要素で構成されているかを説明します。ITサービスは一般的に、ユーザーが直接触れるアプリケーションを実行するサーバーと、ユーザーのデータを保存するサーバー、画像などのファイルを保存するサーバーなど、役割が異なる複数のサーバーで構成されます。また、それぞれのサーバー間で通信ができるようなネットワーク設定や、不正アクセスを防ぐセキュリティ対策、不正な操作を検知するサーバー監視など、さまざまな用途の機器や設定を組み合わせて1つのITサービスが作られています。本書では、こういったITサービスの構成要素を、AWSでどう実現するかについて、しっかり解説していきます。

1-2 オンプレミスとクラウドの違い

POINT!

・ITサービスの提供方法には、オンプレミスとクラウドがある
・クラウドの提供方法にはIaaSやPaaS、SaaSなどの種類がある
・ITサービスの信頼性や可用性を上げる方法として、冗長化、スケールアウト、スケールアップがある

オンプレミスとクラウド

ITサービスの提供方法を学ぶ前に、**オンプレミス**と**クラウド**について学習しましょう。まずはじめにオンプレミスから説明します。クラウドが登場する以前、ITサービスを提供するには、自前でサーバーなどを用意し、情報システムを構築する必要がありました。この運用形態をオンプレミスと呼びます。その後、自前でサーバーなどを用意せずに、インターネットを通じて他の企業が用意したサーバー上に情報システムを構築する、クラウドという運用形態が生まれました。

クラウドは、自社でサーバーなどを構築する手間がなくなるというメリットと、いつでも必要なときに必要なサーバーを借りることができるというメリットから、爆発的に普及しました。年々、クラウドを用いて提供されるITサービスである**クラウドサービス**や、クラウドサービスを提供する**クラウド事業者**は増加しています。

本書で学習するAWSは、ITサービスをユーザーに提供する人や企業（以降、ITサービス提供者）にサーバーやネットワークを提供するクラウドサービスです。ITサービス提供者は、オンプレミスだけではなく、AWSをはじめとするクラウドサービスを利用して、ユーザーにITサービスを届けています。

●ユーザーとITサービス提供者、クラウド事業者の関係

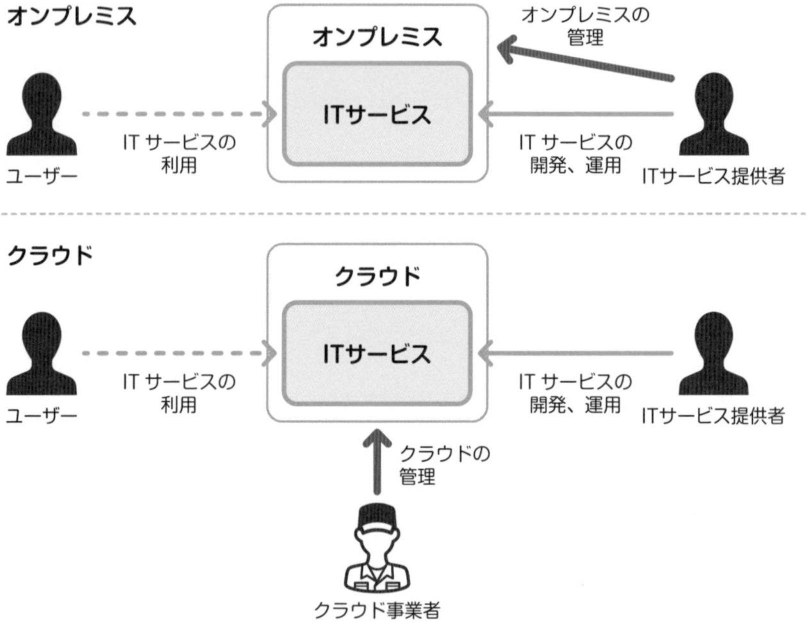

オンプレミス

オンプレミス
ITサービス
ユーザー
ITサービスの
利用
ITサービスの
開発、運用
オンプレミスの
管理
ITサービス提供者

クラウド

クラウド
ITサービス
ユーザー
ITサービスの
利用
ITサービスの
開発、運用
ITサービス提供者
クラウドの
管理
クラウド事業者

オンプレミスとクラウドの違い

クラウドの登場により、ITサービス提供者にも多くの恩恵が生まれるようになりました。ここでは具体的な例として、ITサービス提供者が、データセンターにサーバーなどを用意して利用開始するまでの流れをオンプレミスとクラウドで比較してみましょう。

オンプレミスは、ITサービス提供者が自前でサーバーやデータセンターを用意します。サーバーのスペックや、データセンターの配置場所などを自分で決められるため、自由度が高いというメリットがあります。その反面、設備費用が膨大にかかったり、機器の購入や初期設定、動作確認を自分で行ったりする必要があるため、利用開始までに時間がかかるという点がデメリットです。

クラウドの場合、ITサービス提供者の代わりに、クラウド事業者がサーバーやデータセンターを用意します。ITサービス提供者は、クラウド事業者が用意したサーバーから用途に合ったものを選び、そのサーバー上に自身のプログラムを搭載

することでITサービスを提供します。オンプレミスと比較して、サーバーやデータセンターを用意する必要がないため、設備の初期費用を抑えられます。また、機器の初期設定、動作確認ができるエンジニアを雇う必要がないため、人件費の削減も可能です。さらに、あらかじめクラウド事業者が動作確認済みのサーバーを用意しているため、すぐに利用開始できるというメリットもあります。

●オンプレミスとクラウド

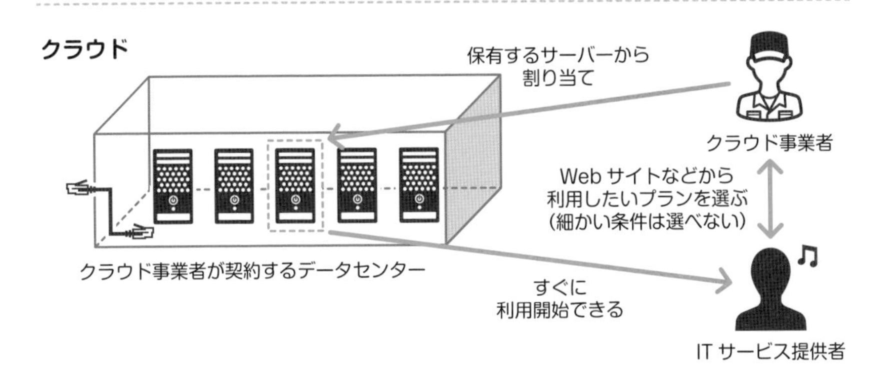
オンプレミス
自由度は非常に高いが、
・データセンターの選定
・サーバーの購入・配置
・データセンター内の配線　など
をすべて自分で行う必要がある
データセンター A
データセンター B
データセンター C
IT サービス提供者
クラウド
保有するサーバーから割り当て
クラウド事業者
Web サイトなどから利用したいプランを選ぶ（細かい条件は選べない）
クラウド事業者が契約するデータセンター
すぐに利用開始できる
IT サービス提供者

クラウドは多くのメリットがある反面、自身が提供するITサービスが、特定のクラウドに依存する**ベンダーロックイン**状態になってしまうというデメリットもあります。利用しているクラウドがサービスを終了してしまった場合、自身のITサービスも他の場所で動作させないといけません。そのため、クラウドを利用する際は、クラウド事業者が信用できるかどうかをチェックすることと、万が一の場合に備えて、代替手段を検討しておくことが重要です。

ベンダーロックイン

特定の製品やサービスによって企業のIT基盤や業務が最適化されると、他の製品やサービスへの切り替えコストが非常に高くなるため、同じ製品やサービスをやむなく使い続けるということがあります。これを、製品やサービスを提供するベンダーが固定化されてしまう、という意味からベンダーロックインと呼びます。

仮想化

仮想化とは、ソフトウェアを用いて複数のハードウェアを統合・分割することにより、実際のハードウェアとは異なる単位で利用できるようにする技術です。クラウド事業者は、仮想化によって巨大なサーバー群の一部分を、独立したサーバーとしてITサービス提供者に貸し出します。これにより、CPUやメモリを複数のITサービス提供者で共用できるため、ITサービス提供者ごとにサーバーを用意するよりも費用を抑えることができます。一般的に、クラウドが提供するサーバーやネットワークは仮想化されており、**仮想サーバー**、**仮想ネットワーク**として提供されます。

クラウドの提供方法には種類がある

クラウドにはいくつか提供方法があり、クラウド事業者が提供する範囲に基づいて分類できます。先ほど例に挙げた、クラウド事業者がサーバーのみを提供するケースの場合は、**IaaS**（イアース）(Infrastructure as a Service) という分類になります。その他に、IaaSではクラウド事業者が提供しなかった、OSやミドルウェア (OSとアプリケーションの中間に位置するソフトウェア) まで提供するものを**PaaS**（パース）(Platform as a Service) と呼びます。さらに、アプリケーション実行環境まで加えたものを**FaaS**（ファース）(Function as a Service)、アプリケーションまで加えたものを**SaaS**（サース）(Software as a Service) と呼びます。

IaaSやPaaSなどのクラウド提供方法の名称は、頭文字以外が共通しているため、頭文字をXと置き換えて、XaaS（ザース）と総称します。前ページで解説した、代表的な４つのXaaSの特徴を次の表にまとめます。

●XaaSの種類

XaaSの種類	正式名称	意味
IaaS	Infrastructure as a Service	クラウド事業者は、サーバー（設備含む）やネットワーク機器、ストレージなどを用意し、ITサービス提供者はOS（Windowsなど）の設定からアプリケーション開発まですべてを行う
PaaS	Platform as a Service	クラウド事業者は、サーバーなどに加えて、OSおよびミドルウェアを用意し、ITサービス提供者はアプリケーション実行環境の用意と、アプリケーションの処理の記述を行う
FaaS	Function as a Service	クラウド事業者は、サーバー、OS、ミドルウェアなどに加えて、アプリケーション実行環境を用意し、ITサービス提供者はアプリケーションの処理のみを記述する
SaaS	Software as a Service	クラウド事業者は、動作するアプリケーションを用意し、ITサービス提供者はアプリケーション上の設定や情報登録のみを行う

インフラストラクチャ(Infrastructure)

インフラストラクチャは、基盤という意味を持ち、サーバーやストレージなどの機器や、ネットワークやハードウェア、広義にはミドルウェアや一部のソフトウェアなどを含めて指すこともあります。AWSにおいては、AWS社が提供する各サービスにおいて、AWS社が管理する部分を指します。なお、インフラストラクチャは一般的にインフラという略称でも呼ばれます。

ミドルウェア

ミドルウェアは、データベースやWebサーバー、アプリケーションサーバーなどの機能を持つソフトウェアであり、OSにインストールすることで、OSとアプリケーションとの中間的な機能を提供します。例えば、Windows上に、Webサーバーの機能を持つApache HTTP Serverをインストールして、Webサイトを構築した場合を考えます。この場合、OSがWindows、ミドルウェアがApache HTTP Server、アプリケーションがWebサイトを構成するHTMLファイルや画像ファイル、と分類できます。

アプリケーション実行環境

アプリケーション実行環境は、その名の通りアプリケーションを実行する環境です。開発者が記述したプログラムを受け取り、プログラムの内容に沿って処理を行います。例えば、有名なプログラミング言語であるJavaは、アプリケーション実行環境のJRE(Java Runtime Environment)上で動作します。そのため、開発者がサーバー上でJavaプログラムを動作させる場合には、サーバーにJREをインストールする必要があります。

オンプレミスとXaaSにおいて、システムの各構成要素の管理主管と、システム構成の自由度、システム構築に必要な準備費用をまとめると以下のようになります。

●XaaSの種類と違い

ITサービスを実現するシステムを評価する指標

ITサービスは、オンプレミスやクラウド上に構築したシステムによって提供されます。すなわち、システムが安定して動作することが、ITサービスの評価を高めることに直結します。ITサービス提供者は、システムがどれくらい安定して期待通りの動作をしているかを判断するために、さまざまな指標を用います。その評価指標のうち、システム全体の故障のしにくさや、システムに障害が発生した際の復旧のしやすさなど、代表的な5つの指標の頭文字をとったものがRASIS（レイシス）です。

●RASIS

指標	意味	高めるために必要なことの例
信頼性（Reliability）	故障のしにくさ	冗長構成、スケールアウト
可用性（Availability）	サービスの止まりにくさ	冗長構成、スケールアウト
保守性（Serviceability）	障害発生時の復旧のしやすさ	インフラストラクチャのプログラム化、自動リリース
完全性（Integrity）	データが一貫性を保っていること	トランザクション（複数データの同時更新を担保）、耐久性
安全性（Security）	機密性が高く、不正アクセスされにくいこと	適切な権限管理

RASISの中でとりわけ重要なのが、**信頼性**と**可用性**です。Amazon.comやYouTube、Uber Eatsなど、多くのサービスが24時間、365日、当然のように稼働しています。これは、サービスの止まりにくさの指標である可用性が非常に高いこと、つまりは高可用性であることを表します。また、故障のしにくさである信頼性が高ければ、サービスの止まりにくさである可用性も高くなるため、信頼性と可用性には強い相関があるといえます。

信頼性や可用性を上げるには、サーバーやネットワーク機器をあらかじめ複数台用意し、ある機器が停止してもシステム全体としては正常に動作するよう構成する、**冗長化**を行うことが非常に有効です。なお、冗長化された状態のことを**冗長構成**といいます。他にも、サーバーの負荷が高くなった場合に、サーバーの台数自体を増やす**スケールアウト**も可用性を上げる手段として有効です。

また、複雑な処理を行うシステムでは、1台のサーバーで大量の処理を速く実行すること、つまり高い性能が必要です。求められる要求に対して、サーバーの性能が著しく低い場合、サーバーが応答を返せなくなるという障害が発生し、可用性が下がってしまうというケースもあります。性能を上げるには、サーバーのCPUやメモリ、ストレージ容量などのスペックを上げる**スケールアップ**を行います。

●信頼性や可用性、処理性能を上げる例

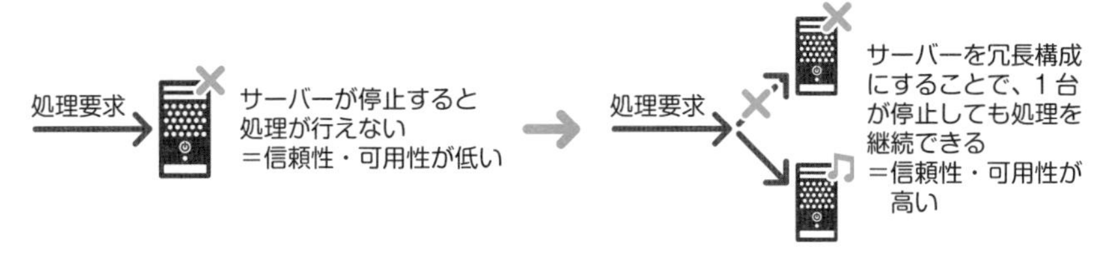

それでは、オンプレミスで利用する場合とクラウドで利用する場合のそれぞれについて、信頼性や可用性、性能を上げるためにどのようなことを実施する必要があるかを比較してみましょう。

冗長構成

まず、冗長化について考えます。前述の通り、冗長化はサーバーやネットワーク機器などを複数台用意して、それぞれの機器の片方に障害が発生しても、動作し続けるように構成します。

オンプレミスの場合、すべての機器の用意と設置、および冗長構成の構築を自分で行う必要があります。機器の用意や設置には時間がかかったり、冗長構成を構築するには専門知識が必要になったりします。また、実際に機器に障害が発生した場合、交換する機器の用意や、交換後の再構成なども自分で行う必要があります。

クラウドの場合、クラウド事業者が冗長構成でのサービス提供を行っているか否かで、対応内容が大きく変わります。クラウド事業者が冗長構成での提供を行っている場合、自分で冗長構成を構築する必要はありません。サーバーやネットワーク機器の専門知識は不要であり、冗長化された状態で利用を始めることができます。さらに、実際に機器に障害が発生した場合においても、クラウド側で自動的に機器の復旧や構成の切り替えが行われるため、システムは正常に動作し続けることができます。

●オンプレミスとクラウドの冗長構成

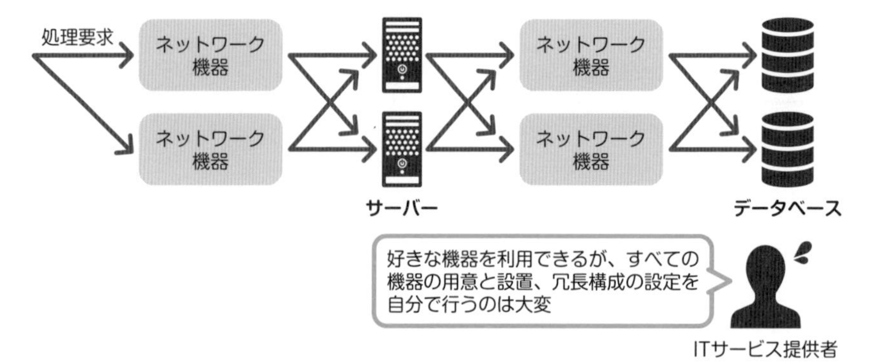

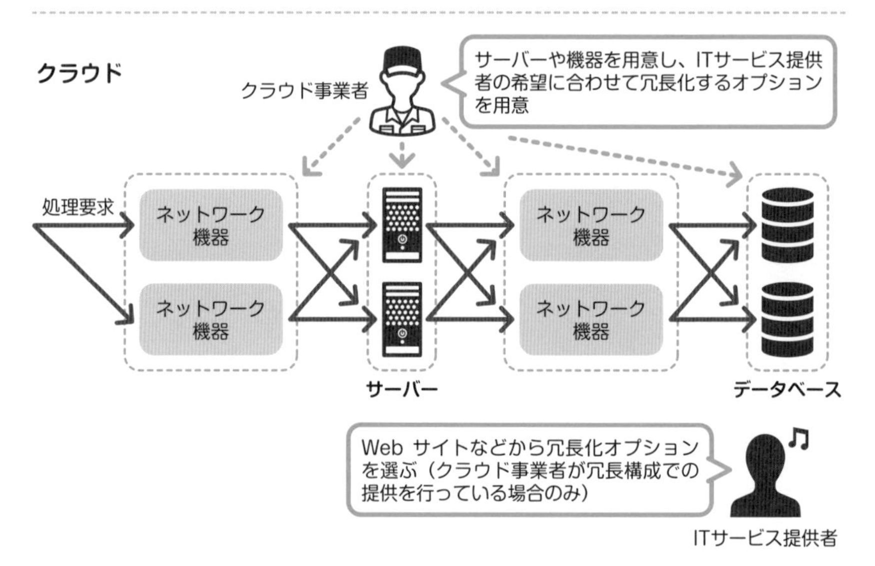

しかし、クラウド事業者が冗長構成での提供を行っていない場合は、オンプレミス同様に冗長構成を自分で構築する必要があります。クラウドの場合、利用できる機器やサーバーなどが限定されるため、冗長構成を組めない、といったケースも起こりえます。

スケールアウト

次に、オンプレミスとクラウドのスケールアウトについて考えましょう。前述の通り、スケールアウトは、負荷が高くなった場合にサーバーの台数を増やすことで、システム全体の信頼性と可用性を上げる方法です。

オンプレミスの場合、自分で新たなサーバーの用意と設置を行い、新しいサーバーを含めた冗長構成を再構築する必要があります。一時的にスケールアウトをする場合でもサーバーの購入が必要となるため、後になって台数を減らしたとしても余ったサーバーの分の費用もかかることになります。

クラウドの場合、クラウド事業者が用意しているサーバーから利用したい分だけ追加し、簡単な冗長構成の設定を行うだけで実現できます。ただし、冗長構成と同様に、クラウド事業者がスケールアウトの機能を提供している必要があります。また、一時的に台数を増やした場合も、不要になった時点で簡単にサーバーを減らすことができます。クラウドは利用した時間に応じた課金形態であることが多いため、オンプレミスと比較して費用を抑えることができます。

●オンプレミスとクラウドのスケールアウト

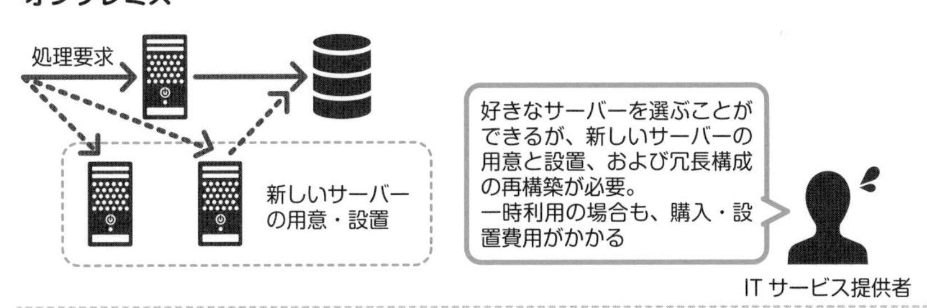

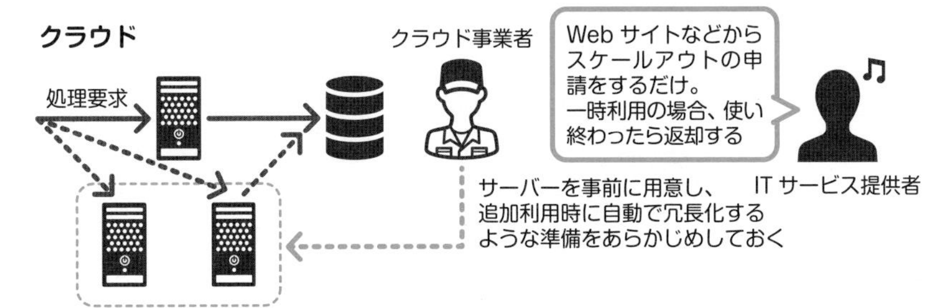

スケールアップ

最後に、スケールアップについて考えましょう。前述の通りスケールアップは、サーバーのCPUやメモリ、ストレージ容量といったスペックを上げることで、サーバーの性能を上げる方法です。

オンプレミスの場合、設置済みのサーバーに対し、メモリやCPUなどを自分で追加する必要があります。追加する量を自由に決めることができますが、追加作業は自分たちで行わなければなりません。メモリやCPUなどの購入が必要なため、一時的にスケールアップをする場合でも、購入費用が丸々かかってしまいます。また、サーバー内の拡張スロットがなくなると、それ以上スケールアップできなくなります。そのため、サーバー購入時は、はじめからスペックが拡張できるような余地を、十分に確保しておく必要があります。

クラウドの場合、クラウド事業者が用意しているスペックの一覧から、高スペックなものを選択するだけで切り替え可能です。これも、冗長構成やスケールアウトと同様、クラウド事業者がスケールアップの機能を提供している必要があります。また、スケールアウトと同様、一時的に高スペックなものを利用したとしても、オンプレミスと比較して費用はそれほどかかりません。

重要

スケールアウトとスケールアップのどちらの手法が有効かは、提供するITサービスによって異なります。例えば、世界のニュースを表示するITサービスでは、検索する・表示するなどの単純な処理を全世界から受け付けています。このように、単純な処理を大量かつ並行して実行するようなケースでは、可用性や費用対効果の面でスケールアウトが用いられる傾向にあります。可用性については、機器が故障しても他の機器で処理を継続できる点で優れており、費用対効果については、一般に高スペックの機器を用意するよりも、低スペックの機器を複数用意したほうが安価で済むためです。反対に、リアルタイムかつ複数のユーザーが互いにデータをやりとりするオンラインゲームのようなケースでは、サーバーを増やすほどデータのやりとりが複雑になってしまうため、スケールアップが用いられる傾向にあります。

●オンプレミスとクラウドのスケールアップ

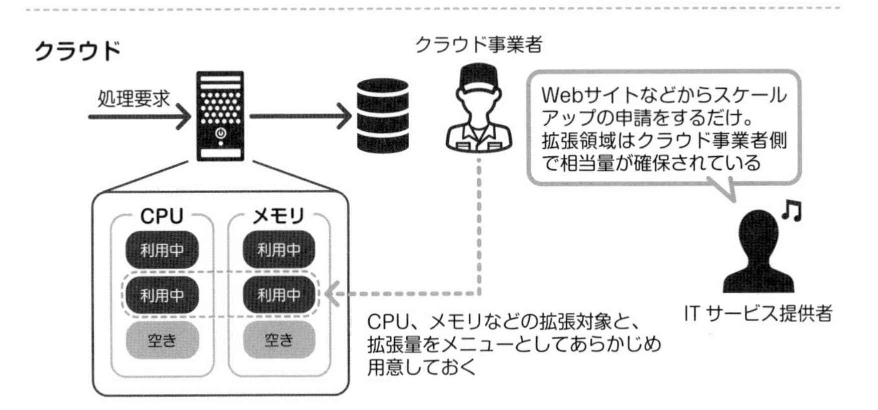

このように、オンプレミスとクラウドでは、信頼性や可用性を担保するために注意するべきことが異なります。利用用途に合わせてどちらの方法で実現すればよいのか、また、クラウドを利用する場合は、どのクラウドを使えばよいのかをしっかり検討する必要があります。

試験にトライ!

Q クラウドの利点は次のうちどれですか(2つ選択)。

A. ITサービス提供者がサーバーの細かいスペックや、ネットワーク機器の種類、データセンターの場所などを自由に選べる
B. ネットワーク機器の設置や、配線を行う専門のエンジニアを増員できる
C. 冗長構成など、複雑なインフラストラクチャ構成を自分で行う必要がない
D. サーバーの台数を増やしたり減らしたりする場合、容易に素早く行える

A クラウドは、クラウド事業者が用意したサーバー、ネットワーク機器、データセンターを利用するため、ITサービス提供者が自由に選ぶことはできません。その代わり、ITサービス提供者は機器の設置や配線を行ったり、冗長構成などの複雑なインフラストラクチャ構成を行ったりする必要はありません。また、クラウド事業者は、利用可能なサーバーを大量に保有しているため、ITサービス提供者がサーバーの台数を増減させる場合でも、容易に、素早く行うことができます。

正解 **C、D**

2 AWSの基礎知識

- AWSの特徴を知る
- AWSの利用を開始する
- AWSを利用する場所を選ぶ

2-1 Amazon Web Servicesとは

POINT!

- AWSとは、AWS社が運営するパブリッククラウドのことで、さまざまなIaaSやPaaSを提供している
- AWSは、パブリッククラウドの特徴である、従量課金制やマネージドサービスを備えている
- AWSは2023年1月時点で最も利用されているパブリッククラウドであり、200種類以上のサービスがある

Amazon Web Services (AWS) とは

Amazon Web Services (AWS) とは、AWS社が運営する**パブリッククラウド**です。パブリッククラウドとは、インターネットを通じて不特定多数のITサービス提供者に、IaaSやPaaSなどを提供するサービスのことです。一方、企業などが組織内ネットワークを通じて自社部門にIaaSやPaaSを提供する形態を**プライベートクラウド**と呼びます。AWSは、2006年に初めてメッセージのやりとりを行うITサービス（以降、AWSが提供するITサービスを**AWSサービス**と呼びます）を正式発表しました。以降、仮想サーバーやデータベースなど、さまざまなAWSサービスが発表され、毎月のように新機能がリリースされています。2023年1月時点では、IoTやゲーム開発、機械学習など200を超えるAWSサービスが発表

されています。

なお、パブリッククラウドは他にも、Google社が提供するGoogle Cloudや、Microsoft社が提供するMicrosoft Azure(以降、Azure) などがあります。本節では、パブリッククラウドやAWSの基本的な仕組みや特徴について解説していきます。

パブリッククラウドの仕組み

パブリッククラウドを提供するクラウド事業者は、世界中にデータセンターを保有しています。そのデータセンターで、前述したIaaSやPaaSなどのITサービスを動作させています。ITサービス提供者は、クラウド事業者が保有する世界中のデータセンターから利用する場所を1つまたは複数選び、アプリケーションを開発・公開することができます。

AWSは、ITサービス提供者がITサービスを構築するために必要なほぼすべての機能を、AWSサービスとして提供しています。本書では、数多くのAWSサービスのうち、ネットワークや仮想サーバー、データベース、ストレージ、サービスの公開や監視などの機能を提供するサービスを紹介していきます。

●パブリッククラウド (AWS) の仕組み

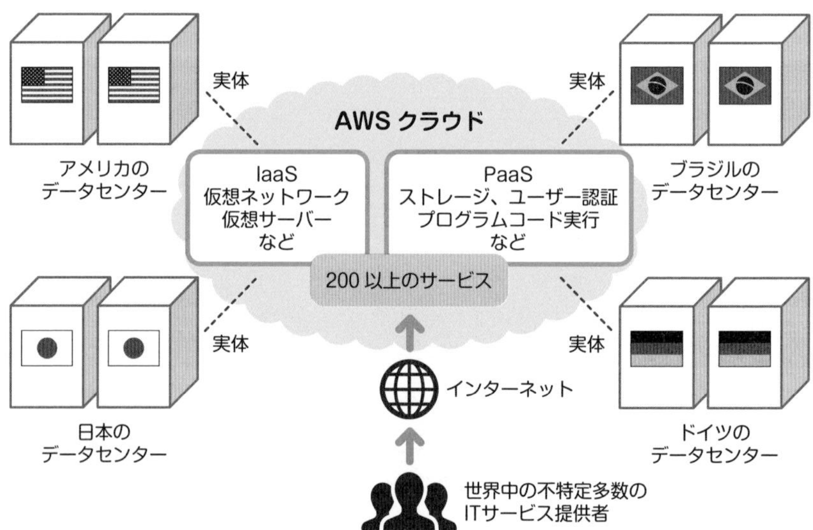

パブリッククラウドが持つ特徴

AWSをはじめとした、パブリッククラウドの特徴について説明します。

● 従量課金制

パブリッククラウドが提供するITサービスの多くは、そのITサービスを利用した時間や容量に応じて料金が発生する、**従量課金制**をとっています。これにより、余分なインフラ費用を抑えることが可能です。例えば、AWSで仮想サーバーを利用する場合は、サーバーの起動時間に応じて秒単位で課金されるため、夜間など利用しない時間帯はサーバーを停止しておくことで費用を節約できます。

前述の通り、クラウドはすぐに利用を開始・終了できるため、「必要なときだけ利用し、使った分だけ費用を支払う」というITサービス提供者にとってわかりやすい課金形態となっています。従量課金なら、新しくITサービスを立ち上げる場合やゲームのイベント期間など、需要量が正確に予測できない場合にコストを抑えられます。

●従量課金

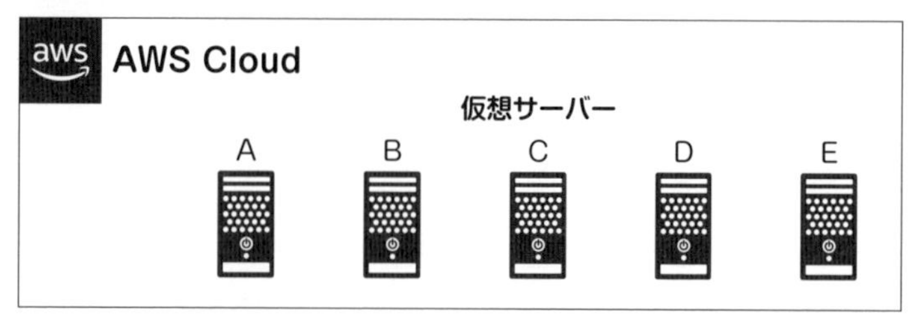

仮想サーバーの起動時間

	A	B	C	D	E
2023/4/1	24 時間	12 時間	0 時間	24 時間	0 時間
2023/4/2	24 時間	12 時間	0 時間	24 時間	0 時間
2023/4/3	24 時間	12 時間	3 時間	0 時間	0 時間
2023/4/4	24 時間	12 時間	0 時間	0 時間	0 時間
2023/4/5	24 時間	12 時間	0 時間	0 時間	0 時間
合計	**120 時間**	**60 時間**	**3 時間**	**48 時間**	**0 時間**

上図の仮想サーバーの利用料金は、A ～ E の合計起動時間に対して課金されるため、A+B+C+D+E=231 時間 ×[仮想サーバー 1 時間あたりの金額] となる
※上記とは別に、ストレージ利用量や通信量なども従量課金で費用が発生する

従量課金制により、オンプレミスでは固定費として扱われることの多いインフラストラクチャの費用を、利用部門ごとの変動費として扱えます。これにより、過度な利用が自然と抑制され、インフラストラクチャ全体の費用対効果が改善されることがあります。従量課金制のメリットは試験でも重要なため、押さえておきましょう。

● マネージドサービス

パブリッククラウドの特徴の1つに、**マネージドサービス**があります。マネージドサービスとは、クラウド事業者がサーバーのメンテナンスや構成を管理（マネージド）してくれるサービスのことです。マネージドサービスを使うと、サーバーやネットワークなどの専門的な知識がなくとも、アプリケーションを開発できるようになります。このことをAWSは「付加価値を生まない重労働から解放する」と表現しています。ユーザーにとっては、画面や操作感といったアプリケーション部分が重要です。背後にサーバーやネットワーク機器が何台あり、どのような構成なのかは、関心がありません。マネージドサービスなら、ユーザーにとっての価値を生むアプリケーション開発に、人材を集中させることが可能です。

AWSのマネージドサービスは、コンピュータやストレージ、ネットワークのセキュリティに対する責任をAWSが負います。逆にITサービス提供者は、コンピュータ上のOS（Windowsなど）や、開発するアプリケーションのセキュリティ対策、ログインIDの適切な管理などを行う必要があります。このように、AWSとITサービス提供者の間でセキュリティに対する責任を共有する考え方を、AWSでは**責任共有モデル**と呼びます。マネージドサービスを利用する場合でも、ITサービス提供者が実施すべきセキュリティ対策は必ずあります。試験で問われることがありますので、押さえておきましょう。

●AWSとITサービス提供者のセキュリティに対する責任

ITサービス提供者のセキュリティに対する責任	ユーザーのデータ
	アプリケーション、IDとアクセス管理
	OS、ネットワーク設定
	データの暗号化設定
AWSのセキュリティに対する責任	ソフトウェア
	コンピュータ、ストレージ、ネットワーキング
	ハードウェア
	データセンター

AWSが持つ特徴

次に、AWSの特徴について紹介します。

● 最も利用されているクラウド

AWSは、2023年1月時点で、日本国内および全世界において最も利用されているパブリッククラウドです。近年は、その他のパブリッククラウドであるGoogle CloudやAzureの利用も増加しているため、AWSの利用率は微減傾向にあります。一方で、複数のパブリッククラウドを利用する**マルチクラウド構成**での利用は、急激に増加しています。つまり、Google CloudやAzureを利用するケースでも、マルチクラウド構成の場合はAWSを採用する可能性が高いといえます。利用するパブリッククラウドに制約がない限りは、AWSから学び始めることをおすすめします。

● 利用できるサービスの量が多い

前述の通り、ネットワークやデータベース、IoTや機械学習など、AWSサービスは200種類を超えます。ただし、すべてのAWSサービスをあらかじめ知っておく必要はありません。AWSにはインターネットで公開されている**公式ドキュメント**など、学習用のコンテンツが用意されているため、対象のサービスが必要になったタイミングで、使い方を学習するようにしましょう。

なお、本書では、多くのユースケースで利用するAWSサービスに絞って解説します。システムを構成するさまざまな領域のAWSサービスに触れることができるため、他のAWSサービスを学ぶ際の助けになることも多いはずです。1週間を通じて内容をしっかり押さえていくようにしましょう。

●AWSサービス一覧

(AWS 認定クラウドプラクティショナー試験の対象サービスのみ抜粋)
★本書で学習

アナリティクス（分析）
★Amazon Athena
★Amazon Kinesis
★Amazon QuickSight

ネットワークおよびコンテンツ配信
★Amazon API Gateway
★Amazon CloudFront
★AWS Direct Connect
★Amazon Route 53
★Amazon VPC

コンピューティングおよびサーバーレス
AWS Batch
★Amazon EC2
AWS Elastic Beanstalk
★AWS Lambda
Amazon Lightsail
Amazon WorkSpaces

ストレージ
AWS Backup
★Amazon EBS
★Amazon EFS
★Amazon S3
★Amazon S3 Glacier
★AWS Snowball Edge
★AWS Storage Gateway

セキュリティ、アイデンティティ、コンプライアンス
AWS Artifact
★AWS Certificate Manager (ACM)
AWS CloudHSM
★Amazon Cognito
Amazon Detective
★Amazon GuardDuty
★AWS IAM
Amazon Inspector
AWS License Manager
Amazon Macie
★AWS Shield
★AWS WAF

アプリケーション統合
★Amazon SNS
Amazon SQS

カスタマーエンゲージメント
Amazon Connect

データベース
★Amazon Aurora
★Amazon DynamoDB
★Amazon ElastiCache
★Amazon RDS
★Amazon Redshift

コンテナ
★Amazon ECS
★Amazon EKS
★AWS Fargate

管理、モニタリング、ガバナンス
★AWS Auto Scaling
★AWS Budgets
★AWS CloudFormation
★AWS CloudTrail
★Amazon CloudWatch
AWS Config
AWS のコストと使用状況レポート
Amazon EventBridge
AWS License Manager
★AWS マネージドサービス
AWS Organizations
★AWS Secrets Manager
★AWS Systems Manager
★AWS Systems Manager Parameter Store
AWS Trusted Advisor

開発用ツール
★AWS CodeBuild
★AWS CodeCommit
★AWS CodeDeploy
★AWS CodePipeline
★AWS CodeStar

2-2 AWSの利用を始める

POINT!

- AWS公式サイトからアカウントを作成する
- ルートユーザーのMFA認証を行い、アカウントの不正ログインを防ぐ
- アカウントの不正利用を防ぐために、不要なアクセスキーの作成や、アクセスキーの公開はしてはいけないので注意

AWSアカウントの作成

それでは、AWSの利用を開始する手順について説明します。本書は実際のAWS画面を操作しなくても理解できるようにしてありますが、実際にAWSを操作することで、さらに理解を深めることができます。AWSサービスをより深く学びたい場合は、AWSサービスを操作しながら進めることをおすすめします。

AWSを利用するには、まずAWSアカウントを作成し、Webブラウザから**AWSマネジメントコンソール**にログインする必要があります。AWSアカウントの開設は10分程度で行えますが、以下が必要なため事前に準備してください。なお、画面は執筆時点のものです。

- Webブラウザ（パソコン、スマートフォンなどは問わない）
- メールアドレス
- スマートフォン（SMS用）
- クレジットカード

AWSマネジメントコンソール

ITサービス提供者向けのWebサイトであり、AWSを利用する際の基本となる画面です。AWSサービスの利用開始や停止、利用状況の確認、セキュリティ設定などを、Webブラウザから簡単な操作で行うことができます。

① AWSのトップページ (https://aws.amazon.com/jp/) を表示して「AWSアカウントを無料で作成」をクリックします。

② 「無料アカウントを作成」をクリックします。

③ メールアドレスとAWSアカウント名（任意の文字列）を入力して「認証コードをEメールアドレスに送信」をクリックします。

④ 入力したメールアドレスに届く検証コードを確認します。

⑤ 手順④で確認した検証コードを入力して「認証を完了して次へ」をクリックします。

⑥ ルートユーザーのパスワード(任意の文字列)を入力して「次へ」をクリックします。

⑦ 連絡先情報を入力して「次へ」をクリックします。なお、半角英数字しか入力できないので、入力する値は、以下の画面を参考にしてください。

⑧ クレジットカード情報を入力して「確認して次へ」をクリックします。クレジットカード情報の入力は、無料利用枠内であっても必須です。

⑨ 本人確認のSMSを受け取る携帯電話番号を入力して「SMSを送信する」をクリックします。このとき、先頭の0は入力しません。

⑩ SMSで受け取った確認コードを画面に入力し、「次へ」をクリックします。

⑪ 「ベーシックサポート」を選択し、「サインアップを完了」をクリックします。なお、「ベーシックサポート」以外は有料プランです。

⑫ サインアップが完了したら「AWSマネジメントコンソールにお進みください」をクリックします。

⑬ P.46の手順③のメールアドレスを入力して「次へ」をクリックします。

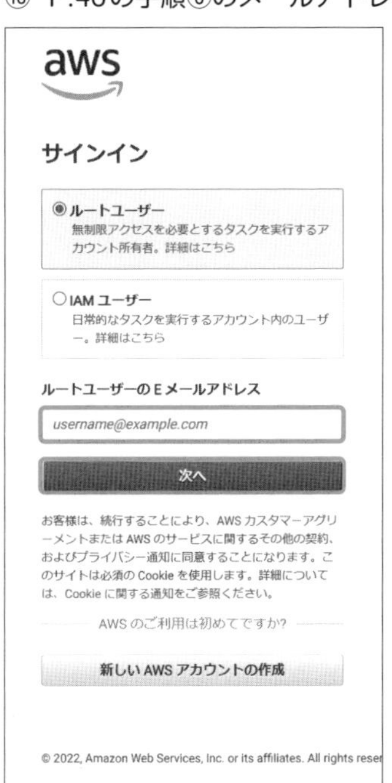

⑭ P.47の手順⑥のルートユーザーのパスワードを入力し、「サインイン」をクリックします。

⑮ AWSの操作用ページ（AWSマネジメントコンソール）に遷移します。

これで、AWSアカウントの作成は完了です。次に、セキュリティの観点からAWSより強く推奨されていることや、不正アクセスを防止するために守らないといけないことを押さえておきましょう。

ルートユーザーにMFA（多要素認証）を追加する

AWSの利用を開始する際に、セキュリティ上行うべきことについて説明します。AWSアカウントを開設した際に作成されるルートユーザーは、多くの権限を与えられたユーザーです。そのため、ルートユーザーで不正ログインされた場合は、高額なサーバーを勝手に起動され、その分の費用を請求されるなど、主に費用面の被害がとても大きくなります。IDとパスワードの認証だけではリスクが高いため、スマートフォンにてログイン用のトークンを発行するなど、**MFA（Multi-Factor Authentication：多要素認証）**を使用してAWSアカウントを保護しましょう。

MFA（多要素認証）

MFAはその名の通り、ユーザー認証に2つ以上の要素を利用する認証方法です。認証の3要素である、知識情報、所持情報、生体情報のうち、2つ以上を組み合わせて本人であることを証明します。

●認証の3要素

認証の要素	例
知識情報	IDとパスワードの組み合わせなど
所持情報	携帯電話、ICカードなど
生体情報	指紋、声紋など

スマートフォンを使って、MFAを行う場合の設定方法は、次の通りです。

① AWSマネジメントコンソールからIAMを開き、「rootユーザーのMFAを追加する」の「MFAを追加」>「MFAの有効化」の順にクリックします。

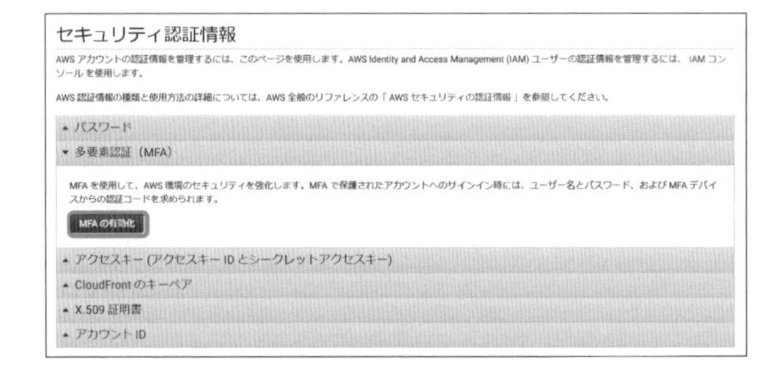

② デバイスの名前を入力し、「仮想MFAデバイス」を選択して「続行」をクリックします。

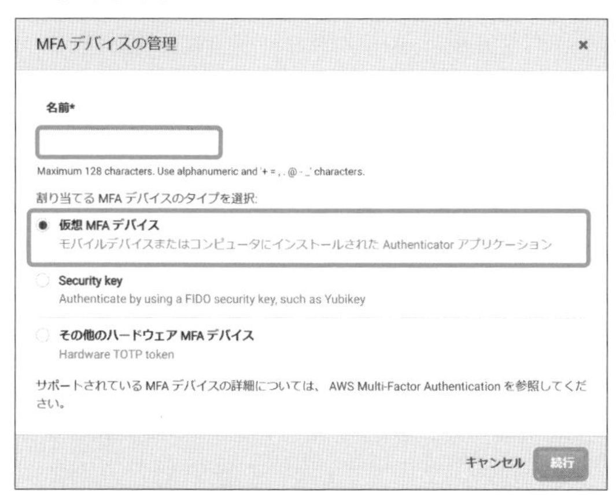

③ 仮想MFAデバイスを設定します。

- スマートフォンに「Google認証システム」(Google Authenticator) のようなMFAアプリをインストール
- MFAアプリから画面のQRコードを読み込む
- MFAアプリ上のMFAコード (6桁の文字列) の2回分を連続で画面に入力
- 「MFAの割り当て」をクリック

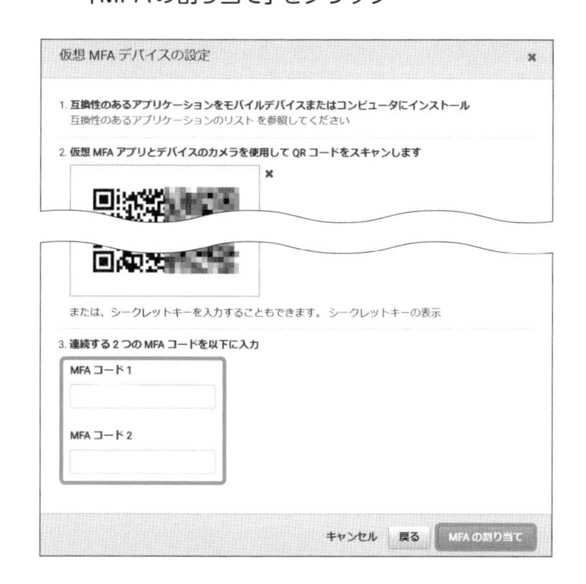

管理用のユーザーを作成する

前述の理由から、たとえ学習目的で使用する場合やひとまず試してみたいという場合でも、ルートユーザーのままAWSを操作することは推奨されていません。そこで、ルートユーザーの代わりに、多くの権限を与えた管理用のユーザーを作成します。ユーザーの作成には、AWSの権限を管理する**AWS Identity and Access Management**（以降、IAM（アイアム））というAWSサービスを利用します。IAMについては7日目で詳しく説明しますので、現時点では以下の画面の手順に従って、管理用のユーザーを作成しましょう。

管理用ユーザーを作成したら、一度ルートユーザーからはログアウトして、管理用ユーザーのID・パスワードでログインしなおし、各種AWSサービスを利用するようにします。ルートユーザーでは、管理用ユーザーに対する請求情報への権限付与など、ルートユーザーでしかできない作業のみを行うようにしましょう。なお、前述したMFAは、ルートユーザー以外のユーザーにおいても推奨されているため、管理用ユーザーでログイン後にあわせて実施しておくとよいでしょう。

管理用ユーザーの作成方法は、以下の通りです。

① AWSマネジメントコンソールからIAMを開き、「ユーザー」>「ユーザーを追加」の順にクリックします。

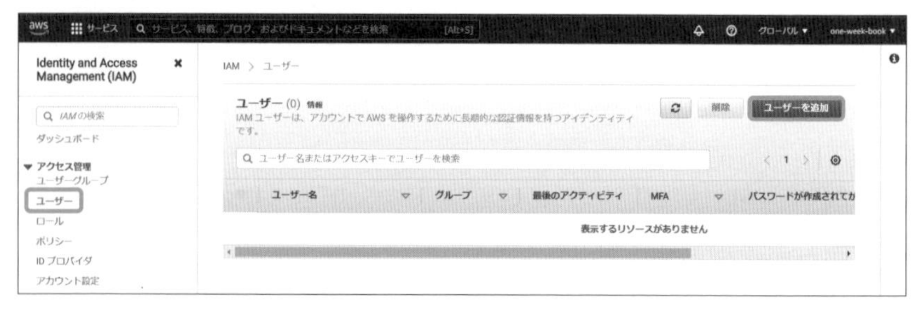

② ユーザーの詳細情報を入力して「次のステップ: アクセス権限」をクリックします。

- 任意のユーザー名を入力
- AWS認証情報タイプは「パスワード」を選択
- パスワードは「カスタムパスワード」を選択してパスワードを入力
- 「パスワードのリセットが必要」のチェックボックスを外す

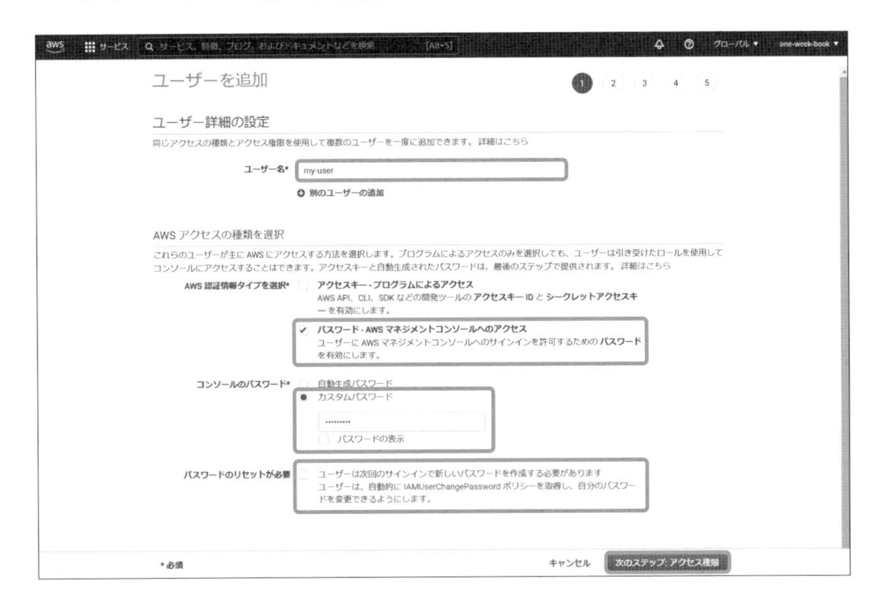

③ アクセス許可設定を行い「次のステップ: タグ」をクリックします。

- 「ユーザーをグループに追加」を選択し「グループの作成」をクリック
- 任意のグループ名を入力し「AdministratorAccess」を選択して「グループの作成」をクリック

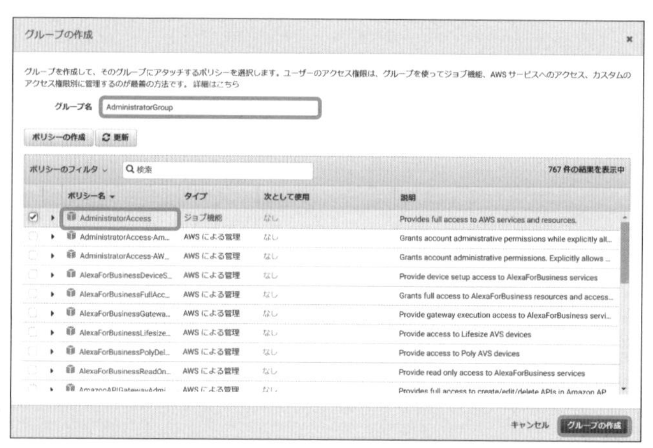

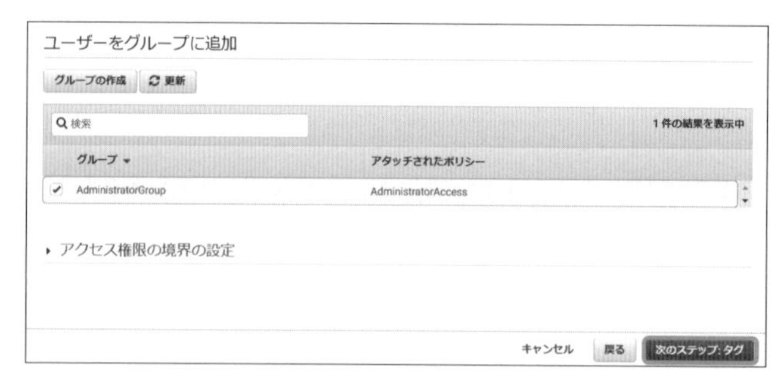

④ タグを自由に追加し「次のステップ: 確認」をクリックします。任意項目のため設定しなくても構いません。

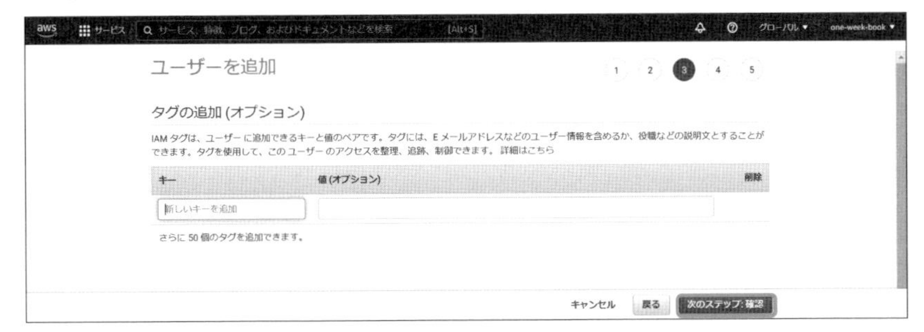

⑤ 設定内容を確認して「ユーザーの作成」をクリックします。

⑥ ユーザーが作成されたら画面中央のログインURLをクリックします。

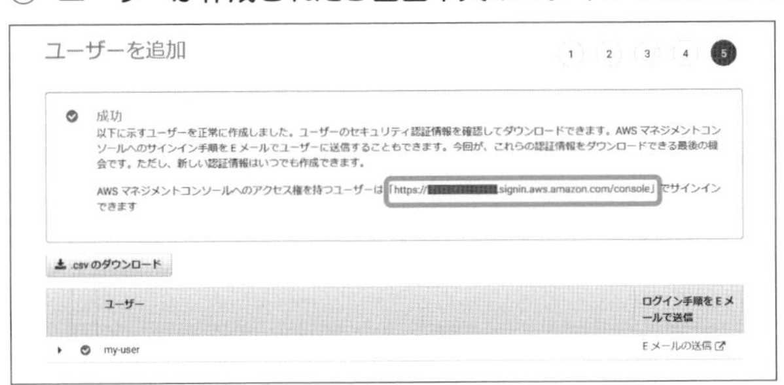

⑦ P.57の手順②のユーザー名とパスワードを入力してログインします。ログインページのURLはブックマークしておきましょう。

AWSを利用する際に行ってはいけないこと

AWSを利用する際には、行ってはいけないことが2つありますので、紹介します。

●ルートユーザーのアクセスキーの作成

ルートユーザー、および、IAMからユーザーを作成した後は、ユーザーに対して**アクセスキー**を作成できます。アクセスキーとはユーザーごとのランダムな文字列であり、アクセスキーを提示することで、そのユーザーであることを証明することができます。アクセスキーを利用すると、AWSにログインすることなく、そのユーザーとしてAWSサービスを操作できます。

そのため、万が一ルートユーザーのアクセスキーが漏えいすると、ルートユーザーで不正ログインされたときと同様の被害を受けます。アクセスキーの漏えいを未然に防ぐためにも、ルートユーザーではアクセスキーを作成しないようにしましょう。

●アクセスキーの公開

ルートユーザーか否かに関わらず、アクセスキーをGitHubなどの**共有リポジトリ**に公開すると、悪意を持ったプログラムなどを使って即座に第三者に抜き取られてしまいます。その結果、アクセスキーを用いた不正アクセスが行われ、ユーザーが保有する権限を利用した不正操作が行われる場合があります。多くの場合、各AWSユーザーは何らかのAWSサービスを操作する権限が与えられているため、結果として多額の利用料を支払うことになります。

アクセスキーを意図的に公開しないことに加えて、アクセスキーを無視するような設定を共有リポジトリにしておくなど、漏えいしない対策を行うことが重要です。万が一、アクセスキーを公開してしまった場合は、すぐにアクセスキーを削除して無効化し、意図しないAWSサービスが動作していないかを確認する必要があります。

用語

リポジトリ

リポジトリとは、ファイルやディレクトリの状態を記録する場所です。リポジトリを利用することで、いつ・誰が・どのファイルを更新したかを記録したり、特定の時点のファイルをダウンロードしたりすることができます。また、インターネットに公開し、不特定多数のユーザーでファイルを更新できるようにしたリポジトリを、**共有リポジトリ**と呼びます。共有リポジトリを利用することで、世界中のユーザーと一緒に開発することができる反面、前述の通り、セキュリティリスクも高くなります。注意して利用しましょう。

重要

アクセスキーを利用すると、プログラムからAWSサービスを操作できるため、短時間で多くのAWSサービスを作成、変更できます。しかしその特性から、第三者に不正利用されてしまった場合の被害はとても大きくなる傾向があります。あらためて、絶対に行ってはいけないこととして、以下の2点を覚えておくようにしましょう。

- ルートユーザーのアクセスキーの作成はしない
- アクセスキーの共有リポジトリでの公開はしない

2-3 AWSを利用する場所を選ぶ

POINT!

- AWSサービスを動かす地域は選択できる
- AWSサービスは各地域内にある任意のデータセンターで動作する
- 障害対策として、複数のデータセンターでAWSサービスを動作させることも可能

AWSはどこで動いているのか

前述の通り、AWSサービスはAWS社が抱えるデータセンターのサーバー上で動作しています。データセンターは世界中にあり、ITサービス提供者は好きな地域のデータセンターを選択して利用できます。本節では、AWSを利用する地域やデータセンターの選び方について学習します。

リージョンとは

リージョンとは、AWSサービスを動かすことができる世界中の地域のことです。各リージョンには複数のデータセンターが配置されています。また、あるリージョンに障害が発生した場合でも他のリージョンに影響を与えないよう、AWSにより考慮されています。

2023年1月時点では、カリフォルニアや東京、パリ、ロンドン、サンパウロなど全世界に30のリージョンがあります。2つ以上のリージョンを持つ国は、アメリカ、中国、インド、日本のみで、日本には東京リージョン（ap-northeast-1）と大阪リージョン（ap-northeast-3）があります。

●リージョンの所在地

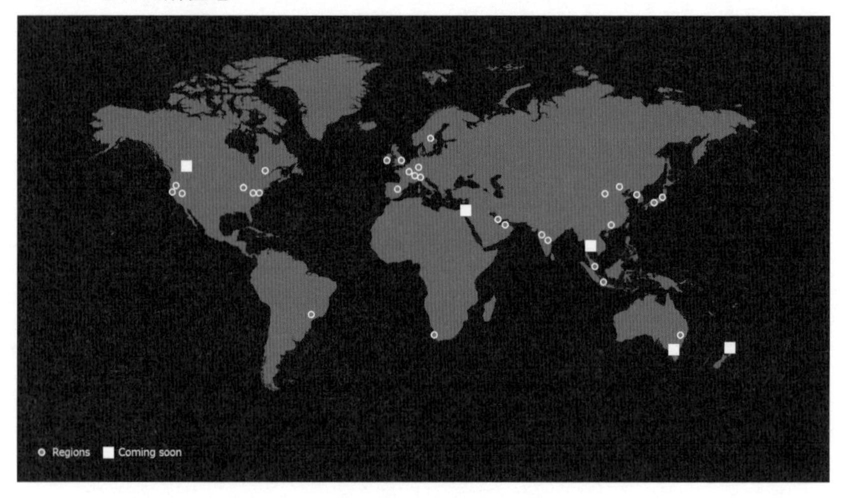

引用：https://aws.amazon.com/jp/about-aws/global-infrastructure/

ap-northeast-1 のようなリージョン名は「地域名-地域内のリージョンの連番」というルールで命名されます。東京リージョンの地域名は「アジア太平洋沿岸部（北東）」の英語表記である「Asia Pacific Northeast」からap-northeast と命名されています。

●リージョン名の例

- us-east-1 米国東部（バージニア北部）
- us-east-2 米国東部（オハイオ）
- us-west-1 米国西部（北カリフォルニア）
- ap-northeast-1 アジアパシフィック（東京）
- ap-northeast-2 アジアパシフィック（ソウル）
- ap-northeast-3 アジアパシフィック（大阪）

リージョンの選び方

リージョンを選ぶことは、自分が扱うAWSサービスを世界のどの地域のデータセンターに配置するかを選んでいるのと同じことを意味します。どのリージョンを選んでも扱えるAWSサービスはほぼ同じです。提供するITサービスの要件と国や地域の特性を考慮して適切なリージョンを選択しましょう。

国や地域の特性とは、例えば以下のような要素です。

- ルール：中国リージョンは他国のリージョンと通信ができないなど
- 距離：ユーザーとリージョンの距離
- コスト：リージョンごとのAWS費用

●リージョンの選び方の例

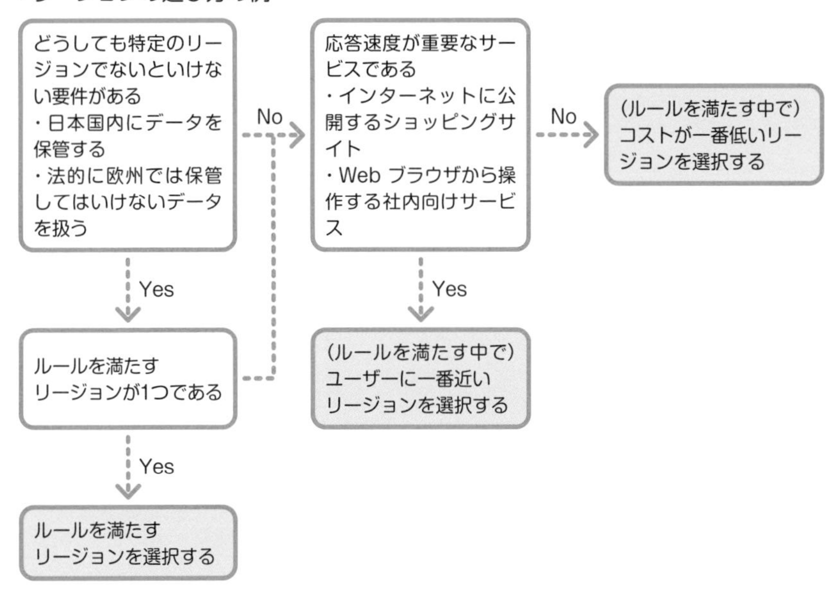

また、リージョン全体に影響をおよぼすような災害、つまり特定の国または地域の全域における大災害があった場合でもITサービスを提供し続けることが要求される場合、複数のリージョンを選択します。これを**マルチリージョン**といいます。

マルチリージョンは利用するリージョンの数だけコストが2倍、3倍とかかりますが、システム全体での冗長化を行えるため、高いレベルの可用性を実現できます。

例えば、同じITサービスを東京リージョンとオハイオリージョンで動かし、通常時はユーザーから近い距離のリージョンを利用する設定をしておきます。そして、地震などで東京リージョンのAWSサービスが停止した場合は、すべてのユーザーがオハイオリージョンを利用する設定に変更することが可能です。この場合、東京とオハイオの両方のAWSサービスが停止するような未曽有の事態が起きない限り、ITサービスを提供し続けることができます。

●マルチリージョン構成の例

通常時

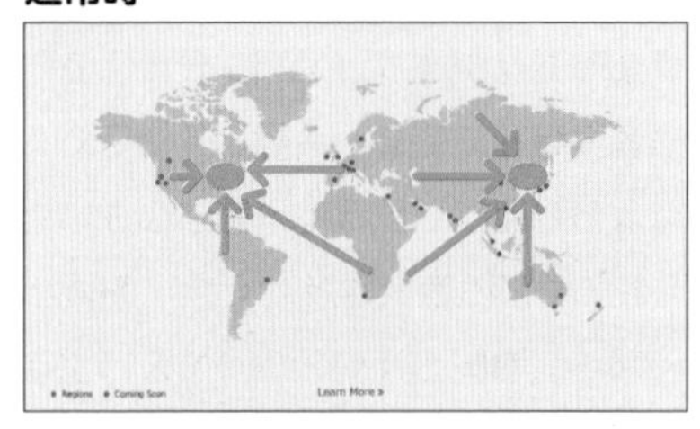

リージョン停止時

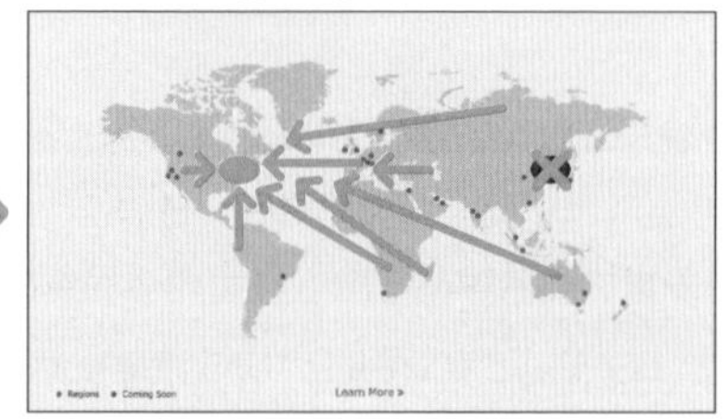

なお、前述の通り、日本には東京と大阪にそれぞれリージョンがあるため、国内でマルチリージョン構成をとることができます。これにより、日本国外にデータを持ち出さないという高いセキュリティ要件を満たしつつ、高いレベルでの災害対策をとることができます。

注意

適当にリージョンを選択することはやめましょう。例えば、日本国内向けサービスをサンパウロ（ブラジル）リージョンで作成してしまうと、AWS上のサーバーと情報をやりとりするたびにデータが地球を1周することになってしまいます。ページ遷移など、サーバーとのやりとりを行うたびに時間がかかるため、ユーザーの利便性が低くなります。一度いずれかのリージョンに作成したAWSサービスを、後から別のリージョンに移動させるのは手間がかかるため、リージョンを選ぶ前に、どのリージョンが最適なのかをよく考えましょう。

アベイラビリティーゾーン (AZ) とは

アベイラビリティーゾーン（以降、AZ）とは、リージョン内にあるデータセンターのことです※1。各AZは地理的に離れた場所にあり、2023年1月時点では世界に96のAZがあります。なお、日本においては東京リージョンに4つ、大阪リージョンに3つのAZがあります。

●AZとリージョンの関係

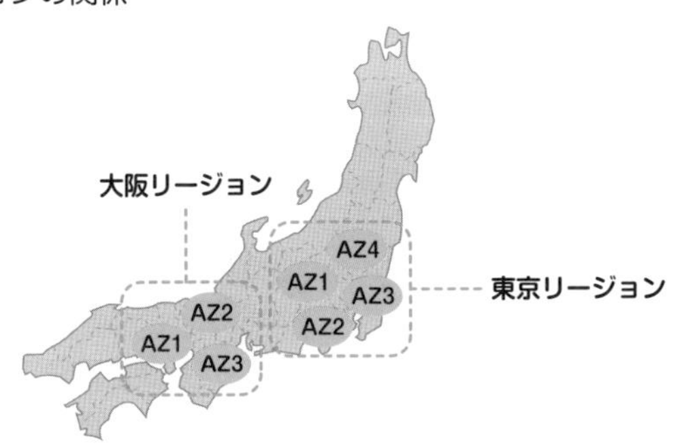

※リージョンやAZの位置は公表されていないため、この図はイメージです

重要

リージョンは東京、オレゴン、サンパウロなどの世界中の地域を指し、AZは各リージョン内に存在するデータセンターを指します。1つのリージョンの中に複数のAZが存在する、という関係性を覚えておくようにしましょう。

リージョンと同様に、同じAWSサービスを複数のAZで冗長化しておくことで、いずれかのAZで障害が発生した場合でもITサービスの提供を継続できます。これを**マルチAZ**といいます。マルチリージョンと同様に、マルチAZも冗長構成にするAWSサービスの数だけコストがかかりますが、重要なAWSサービスに絞って局所的に冗長化することができるため、コストパフォーマンスに優れた手段です。

※1　実際には地理的に近い位置にある複数のデータセンターをまとめてAZと呼んでいると考えられます（公式では非公表です）。

●東京リージョンの3つのAZにAWSサービスを複製した例

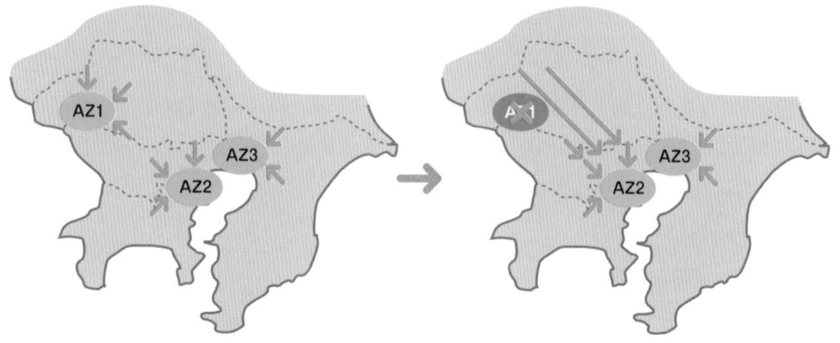

AZ1 に障害が発生しても、マルチ AZ ならサービスを継続できる

※リージョンやAZの位置は公表されていないため、この図はイメージです

マルチリージョンやマルチAZの構成にすることで災害への耐性は上げられますが、その分コストが必要となります。災害が発生してから復旧するまでの時間や、バックアップの取得頻度など、ITサービスに求められるDR（ディザスタリカバリ：災害復旧）要件と予算をもとに、適切な構成を選択する必要があります。

●構成の違いによる災害への耐性とコストへの影響

災害への耐性：強
コスト：大

・マルチリージョン+マルチ AZ
・マルチリージョン
・マルチ AZ
・シングル AZ

災害への耐性：弱
コスト：小

AWSでリージョンとAZを選んでみよう

それでは実際に、AWSでリージョンを選んでみましょう。AWSでリージョンを選ぶのは非常に簡単です。AWSのマネジメントコンソールにログインした際に、画面上部に表示されている地域名が現在選択しているリージョンです。地域名をプルダウンから選択すると、リージョンを変更できます。

●東京リージョンが選択されている状態

注意

マネジメントコンソールの各AWSサービス画面には、現在選択中のリージョンの情報だけが表示されています。そのため、誤ったリージョンでAWSサービスを作成してしまうと、本来意図したリージョンの画面には作成したAWSサービスが表示されません。過去に作成したはずのAWSサービスが見当たらない場合は、他のリージョンに作成していないか確認してみましょう。

AZを選ぶのも簡単です。AZを選ぶ必要があるAWSサービスを作成する際、AZ選択用のプルダウンが表示されます。このプルダウンから、現在のリージョンに紐づく任意のAZを選べます。なお、同じAZ同士であればAWSサービス間の通信が容易になるため、通信を行わせたいAWSサービスがあれば、同じAZを選ぶようにしましょう。

●東京リージョンのAZを選択するプルダウン

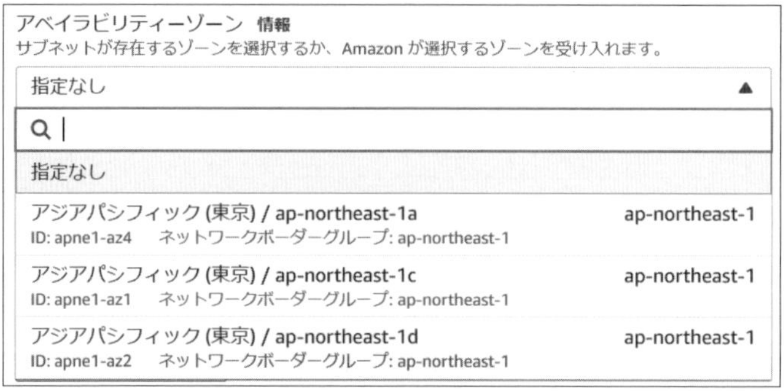

アベイラビリティーゾーン 情報
サブネットが存在するゾーンを選択するか、Amazon が選択するゾーンを受け入れます。

指定なし ▲

指定なし

アジアパシフィック (東京) / ap-northeast-1a　ap-northeast-1
ID: apne1-az4　ネットワークボーダーグループ: ap-northeast-1

アジアパシフィック (東京) / ap-northeast-1c　ap-northeast-1
ID: apne1-az1　ネットワークボーダーグループ: ap-northeast-1

アジアパシフィック (東京) / ap-northeast-1d　ap-northeast-1
ID: apne1-az2　ネットワークボーダーグループ: ap-northeast-1

グローバルサービスとリージョンサービス

すべてのAWSサービスが、リージョンやAZを選択できるわけではありません。ITサービス提供者がリージョンやAZを選択する必要のない、グローバルサービスおよびリージョンサービスと呼ばれるAWSサービスも存在します。

● グローバルサービス

グローバルサービスはリージョンを選べないAWSサービスです。これらのAWSサービスは自動的に世界中のリージョンにデータが複製されるため、ITサービス提供者がリージョンを選ぶ必要はありません。

● リージョンサービス

リージョンサービスはAZを選べないAWSサービスです。これらのAWSサービスは自動的に選択したリージョン内の複数のAZにデータが複製されるため、ITサービス提供者がAZを選ぶ必要はありません。

実際にITサービスを提供することを踏まえると、災害時や障害時に備えて冗長化を考慮しておく必要があります。その場合、各AWSサービスがグローバルサービス、リージョンサービス、それ以外のAWSサービスのどの種類なのかを把握することで、冗長構成にすべきAWSサービスが明確になります。すべてのAWSサービスについて把握する必要はありませんが、利用するAWSサービスがどの種類なのかは意識するようにしましょう。

●AWSサービスの種類と代表的なAWSサービス

AWSサービスの種類	代表的なAWSサービス
グローバルサービス（リージョン、AZを選ばないサービス）	IAM、CloudWatch、WAF、CloudFront、Route 53
リージョンサービス（リージョンは選ぶがAZを選ばないサービス）	VPC、Lambda、DynamoDB、S3、API Gateway、SES、CloudFormation
上記以外のAWSサービス（リージョン、AZを選ぶサービス）	NATゲートウェイ、ELB、EC2、ECS、EBS、RDS、Redshift

試験にトライ！

AWSクラウドの利点は次のうちどれですか（2つ選択）。

A.　AWSがインフラストラクチャの保護を行う
B.　AWSがAWS上に構築されたアプリケーションの保護を行う
C.　アプリケーション開発にかかる費用の節約と、時間の短縮を図ることができる
D.　アプリケーションの本番運用にかかる費用を必ず節約することができる
E.　マネージドサービスを利用することで、サーバーやネットワークなどの設定をすべて指定できる

A　AWSはインフラストラクチャの保護に責任を負います。一方、ITサービス提供者は、AWS上に構築されたアプリケーションの保護に責任を負います。また、AWSを利用することで、アプリケーション開発など一時的なインフラストラクチャの利用にかかる費用が利用量に応じた額になり、費用の節約になります。利用開始までのスピードも、オンプレミスと比較して非常に早く行えます。なお、24時間・365日、高頻度でアクセスが発生するようなアプリケーションの本番運用においては、AWSを利用するほうが費用がかかるケースもあります。AWSを使えば必ず費用を節約できるというわけではありませんので注意しましょう。また、マネージドサービスはAWSがサーバーやネットワークなどを管理するサービスです。マネージドサービスを利用することで、ITサービス提供者の管理コストを抑えられるというメリットがある反面、詳細な設定を行うことはできませんので注意しましょう。

正解　**A、C**

1日目のおさらい

問　題

Q1

次のうち、ITサービスであるものをすべて選択してください。

A. Googleなどの情報検索サイト
B. Uber Eatsなどの宅配サービス
C. Amazon.comなどの通販サイト
D. ZoomなどのWeb会議サービス
E. YouTubeなどのコンテンツ配信サイト

Q2

次のうち、オンプレミスとクラウドの説明として正しいものを2つ選択してください。

A. オンプレミスの場合、ITサービス提供者がすべての機器の用意、設置、初期設定をする必要がある
B. クラウドの場合、利用する際はクラウド事業者への連絡が必要なため、一般的に利用開始までの時間がオンプレミスより長い
C. クラウドの提供範囲を表すXaaSには、IaaSとPaaS、SaaSの3種類のみが存在する
D. 一時的なスケールアウトを行う場合、クラウドのほうが、オンプレミスより早く冗長構成を準備することができる

Q3

次のうち、2023年1月時点におけるAWSの特徴を2つ選んでください。

A. 提供するサービスは10種類である
B. AWSは日本国内、および、全世界において最も利用されているパブリッククラウドである
C. マネージドサービスにより、開発者がアプリケーション開発に集中できる
D. 従量課金制により、費用はどれだけ使っても定額である

Q4

AWSアカウントを作成した後に、行うべきセキュリティ対策を1つ選択してください。

A. ルートアカウントを削除する
B. ルートアカウントのパスワードを変更する
C. ルートアカウントにMFA（多要素認証）を使用する
D. ルートアカウントのアクセスキーを作成する

Q5

AWSサービスを利用する際に、各AWSサービスを動作させる場所として、ITサービス提供者が指定できるものを2つ選択してください。

A. データセンター
B. アベイラビリティーゾーン（AZ）
C. ロケーション
D. リージョン
E. サービスエリア

解答

A1 A、B、C、D、E

ITサービスとは、コンピュータをベースとした情報技術（IT）を使ったサービスのことをいいます。A～Eは、すべてITサービスであり、私たちの生活に欠かせない存在となっています。

➡ P.20、P.21

A2 A、D

オンプレミスはITサービス提供者がすべての機器の用意、設置、初期設定をする必要があり、一般的にクラウドよりも利用開始までに時間がかかります。また、クラウドの提供範囲を表すXaaSには、IaaSやPaaS、SaaSの他に、FaaS（Function as a Service）やCaaS（Container as a Service）などたくさんの種類があります。可用性や信頼性を上げるために行うスケールアウトは、サーバーの台数を増やす必要があります。サーバーを新規購入し、設置が必要なオンプレミスと比較し、クラウドはすぐに利用開始することができます。

➡ P.24、P.25、P.26、P.27

A3 B、C

AWSは200種類を超えるサービスを提供しており、2023年1月時点では最も利用されているパブリッククラウドです。AWSの特徴であるマネージドサービスにより、ITサービス提供者はサーバーの管理が不要となり、アプリケーション開発に集中できます。また、従量課金制により、費用は使った分だけの支払いとなります。

➡ P.39、P.40、P.42

A4 C

AWSアカウントを作成した際に作られるルートアカウントは、アカウントに関するすべての権限を持っており、削除することはできません。不正アクセスの被害を防ぐためにも、ID・パスワード認証だけではなく、スマートフォンアプリなどによる所持認証を加えたMFA認証がAWSより強く推奨されています。また、ルートアカウントのアクセスキーが漏洩すると、ID・パスワードが漏洩していなくても、ルートアカウントと同等の操作を行われる可能性があります。被害を未然に防ぐためにも、ルートアカウントのアクセスキーは作成してはいけません。

➡ P.53、P.61

A5 B、D

2023年1月時点では、AWSは世界中の30のリージョン（東京、ロンドン、北カリフォルニアなど）からAWSサービスを動かす場所を選べます。各リージョンには、独立したデータセンター群であるAZがあり、特定のAWSサービスについてはAZを選択可能です。

➡ P.63、P.67

2日目

AWSに自分専用のネットワークを作る

1 ネットワークの基礎知識

2 仮想ネットワークを作る方法

2日目で学ぶこと

- ネットワークの基礎知識
- AWSにネットワークを作る方法
- AWSのネットワークをインターネットにつなげる方法
- AWSで通信を制御する方法

2日目では、ITサービスとユーザーが通信するために必要なネットワークについての基礎知識や、AWSにネットワークを作る方法を学習します。また、AWSのネットワークをユーザーに提供するためにインターネットにつなげたり、悪意のある第三者の攻撃から守るために通信を制御する方法についても学びます。

●2日目の学習内容

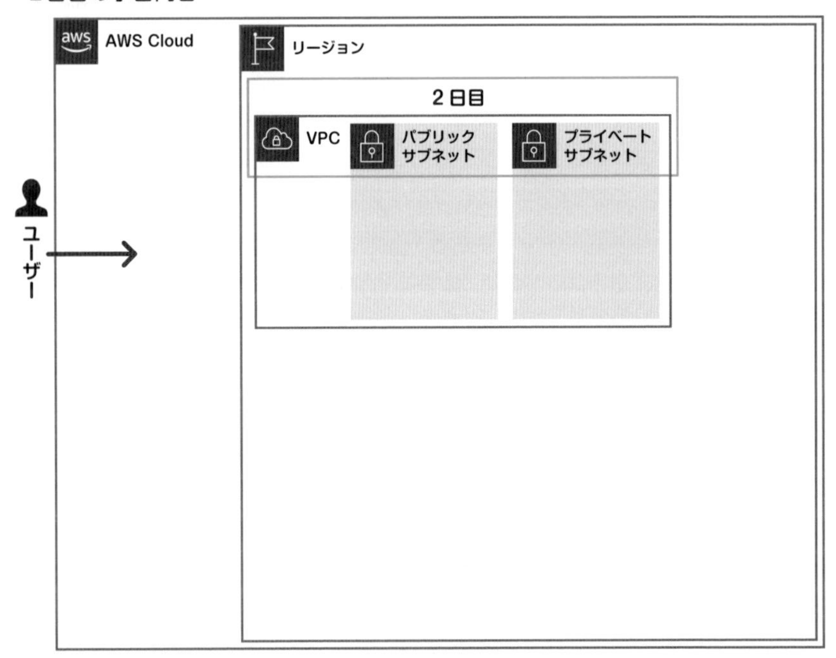

1 ネットワークの基礎知識

- ネットワークの役割
- IPアドレス
- サブネットマスク

1-1 コンピュータ同士の通信

POINT!

・ネットワークを作ることで相互に情報をやりとりできる
・ネットワーク上の機器同士の通信にはIPアドレスを用いる
・ネットワークの大きさはサブネットマスクで表現できる

ネットワークって何だろう？

皆さんはネットワークと聞いて何を思い浮かべるでしょうか。ネットワークとは、人や物が相互につながり、情報などをやりとりする仕組みを指します。身近な例でいえば、鉄道は交通のネットワークです。駅同士を相互につなげることで、人が駅間を移動できるようにしています。

ITの世界では、ネットワークは**コンピュータネットワーク**※1を指すのが一般的です。コンピュータが誕生した頃は単体の計算機として利用されていたため、コンピュータを他の機器と接続する必要がありませんでした。しかし時代が進み、単体では実現できない複雑な計算などの処理や、災害や故障などへの耐障害性が求められていく中、複数のコンピュータを集めてつなげたコンピュータネットワークが登場しました。

※1　本書でこれ以降ネットワークという言葉を使う際は、このコンピュータネットワークを指します。

●コンピュータネットワークのメリット

単体のコンピュータ
・処理に時間がかかる
・1台故障するだけで処理ができない

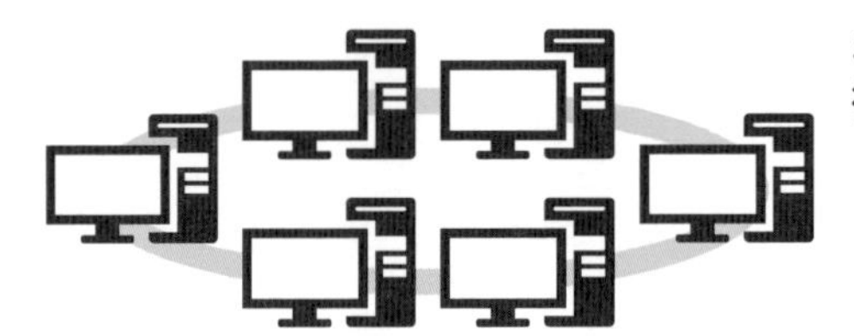

ネットワークでつなげた複数のコンピュータ
・1台と比べ処理に時間がかからない
・1台故障しても処理は継続できる

コンピュータ同士で通信するには

コンピュータがネットワーク上で情報をやりとりするには、まず相手のコンピュータがどこにいるのかを特定する必要があります。コンピュータ同士が通信する際、相手を特定するために使用するのが、**IPアドレス**※2という番号です。IPアドレスはネットワーク上の機器を特定するための住所のようなもので、0から255までの数を４つ組み合わせて表現されます。同じネットワーク上に重複したIPアドレスは割り当てられないため、IPアドレスを用いることで通信相手を一意に特定できます。

●IPアドレス

10 . 0 . 0 . 1

0〜255　0〜255　0〜255　0〜255

0から255までの数を4つ組み合わせて表現

※2　IPアドレスにはバージョン4（IPv4）とバージョン6（IPv6）があります。本書で扱うIPアドレスはIPv4を指します。

例えば以下の図において、同じネットワーク上のコンピュータ1から、コンピュータ2に向けてファイルを送信する際は、コンピュータ2のIPアドレスである10.0.0.2に向けてファイルを送信します。

●コンピュータ同士のファイル送信

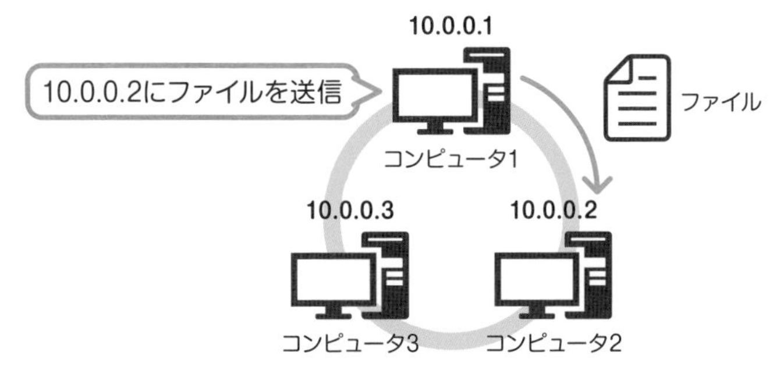

このように、コンピュータ同士の通信にはIPアドレスを用います。身近な例でいえば、皆さんがインターネットを楽しむ際に利用しているスマートフォンやタブレットも、IPアドレスを割り当てた上で通信を行っています。

ネットワークには大きい・小さいがある

ネットワークには、大きさの概念があります。コンピュータを集めてつなげたものがITの世界におけるネットワークだと説明しましたが、これは言い換えると、IPアドレスを集めたものがITの世界におけるネットワークということです。そして、ネットワーク上で利用できるIPアドレスの数が多いほど大きいネットワークであり、逆に少ないほど小さいネットワークです。

また、ネットワークの大きさには上限があります。IPアドレスは0から255までの数を4つ組み合わせて表記するため、IPアドレスの総数は256の4乗通りです。これがネットワーク上に設定できるIPアドレスの数の上限値です。IPアドレスの数に上限があるため、ネットワークの大きさには上限があるということです。

●IPアドレスの数とネットワークの大きさの関係

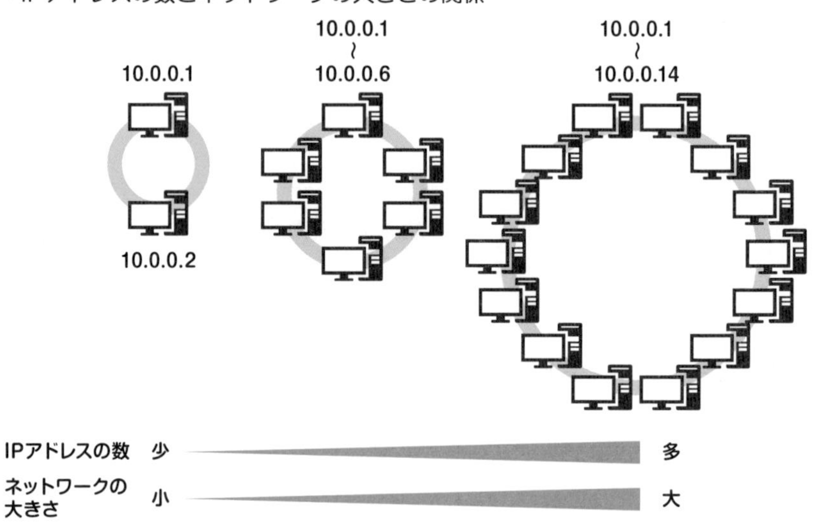

特定のネットワークの大きさに相当する、そのネットワーク内で利用可能なIPアドレスの数は、**サブネットマスク**によって判断できます。サブネットマスクは、1から32までの数で表した値で、数が小さいほどネットワークは大きくなり、ネットワークで利用できるIPアドレスの個数が多くなります。具体的には、サブネットマスクの数字が１つ小さくなると、利用できるIPアドレスの数は約２倍になります※3。

●サブネットマスクとネットワークの大きさの関係

ネットワーク上で利用できるIPアドレスの数は、サブネットマスクの値と２進数の計算によって算出できますが、AWS認定クラウドプラクティショナーの試験で問われる内容ではないため、詳細な説明は割愛します。ここでは、サブネットマスクはネットワークの大きさを表していることと、サブネットマスクが小さいほど

※3　どのネットワークにおいても、ネットワークを表すアドレスと、ネットワーク全体に一斉通信するためのアドレスの2点が含まれており、これらはコンピュータに割り当てることができません。

大きなネットワークになることを理解しておきましょう。

サブネットマスクの表記は、前ページで紹介した1から32までのような値でなく、IPアドレスのように"255.255.255.0"といった値で表記することもあります。コンピュータに手動でネットワーク設定を行う際に後者の表記を使用することもありますが、どちらの表記であっても表している内容は同じです。AWSでネットワークの基本操作を行う上では、1から32までの値で表す表記方法を覚えておけば問題ありません。

2 仮想ネットワークを作る方法

- [ ] VPC、AZ
- [ ] インターネットゲートウェイ、NATゲートウェイ
- [ ] セキュリティグループ、ネットワークACL

2-1 仮想ネットワークを作る

POINT!

・VPCはAWS上で通信するための専用の仮想ネットワークを提供する
・VPCはリージョンやAZ上に作成する
・VPCは他のVPCやオンプレミスのネットワークと接続できる

AWSに仮想ネットワークを作るには？

従来のオンプレミスによるシステムでは、ルーターやスイッチ、LANケーブルといったネットワークを構成するための機器を用意することで、ネットワークを作成していました。一方で、AWSでネットワークを作成する場合は、オンプレミスとは異なり、それらの機器を用意する必要はありません。代わりに、**Amazon VPC**（以降、VPC）を利用することで、AWS上に専用の仮想ネットワークを簡単に作成できます。

3日目以降に学習していく、仮想サーバーやデータベースを提供するAWSサービスは、このVPC上に配置します。そのため、まずはVPCについて学習していきましょう。

●オンプレミスのネットワークとAWSのVPC

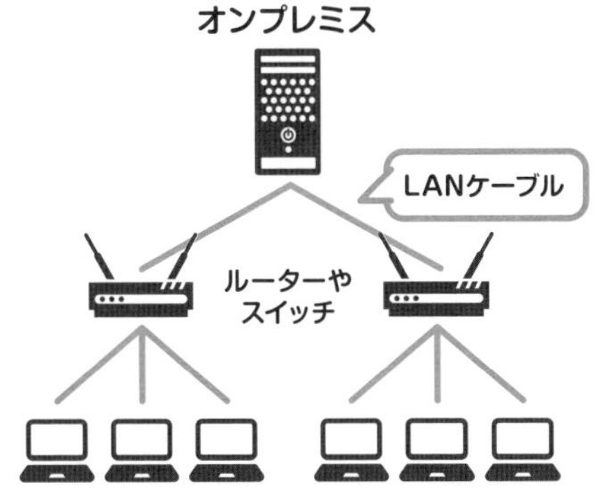

Amazon VPC（Amazon Virtual Private Cloud）
AWS上で通信するための専用の仮想ネットワークを提供するサービスです。

AZやリージョンとVPCの関係

VPCはAZ上に作成します。また、リージョン内に存在する複数のAZをまたいで作成することもできます。例えば、東京リージョンにある3つのAZにまたがるようなVPCを作成可能です。AZはデータセンターに相当するため、複数のデータセンターを利用した、可用性の高いネットワークを作成できるということです。

●VPCはAZをまたいで作成できる

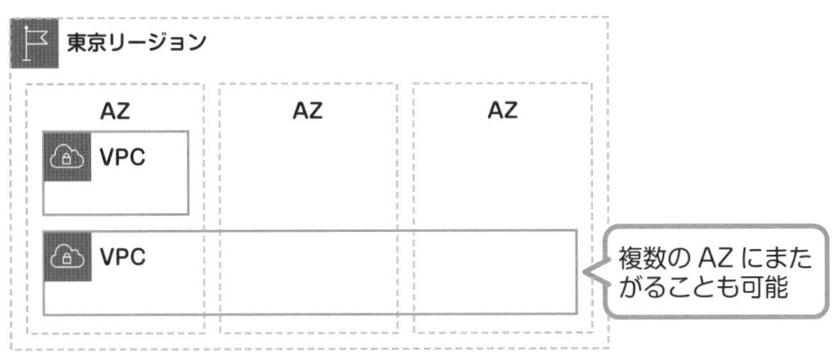

ただし、リージョンをまたいだVPCは作成できません。例えば、東京リージョンのAZと、オハイオリージョンのAZをまたいだVPCを作成することは不可能です。そのため、東京リージョンが存在する関東全域におよぶ災害が発生した場合、東京リージョンのVPCは稼働できなくなってしまう恐れがあります。リージョン間でVPCを接続する方法は、次ページから紹介します。

●VPCはリージョンをまたいで作成できない

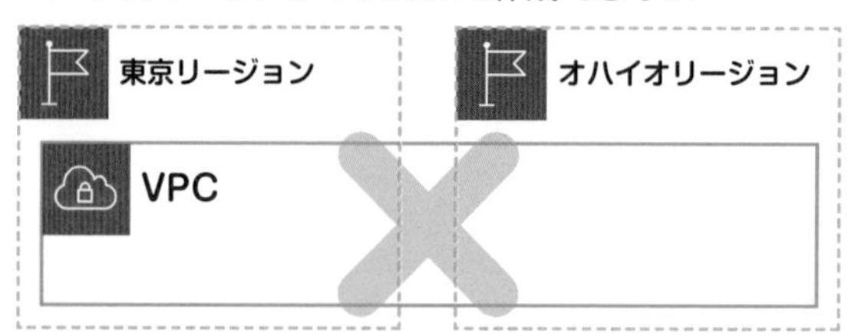

VPCを作成する

VPCでネットワークを作成する際には、ネットワークの大きさを決める必要があります。VPCのネットワークの大きさを決めるサブネットマスクは、16から28までの間で指定することができます。なおサブネットマスクは、IPアドレスにスラッシュ(/)をつけることで表記します。例えば、10.0.0.0から始まるサブネットマスク16の大きさのネットワークは、10.0.0.0/16と表記します。

特に要件がない限りは、ネットワークをできるだけ大きくし、将来拡張できる余裕を確保しておくことを推奨します。そのため、VPC作成の際は、サブネットマスクは最小値の16を設定し、ネットワークをできる限り大きくしておきましょう。

注意

VPCが提供するIPアドレスのうち、3つはAWS側で確保しているためITサービス提供者は使用できません。利用できないIPアドレスの用途まで覚える必要はありませんが、利用できないIPアドレスが存在することは覚えておきましょう。
10.0.0.0から始まるネットワークの場合、利用できないIPアドレスは以下の通りです。

- 10.0.0.1：VPCルーター用
- 10.0.0.2：DNSサーバー用
- 10.0.0.3：将来の拡張用

●VPCの作成画面

VPC > お使いのVPC > VPCを作成

VPCを作成 情報

VPCは、Amazon EC2 インスタンスなどの AWS のオブジェクトによって使用される AWS クラウドの分離された部分です。

VPCの設定

作成するリソース 情報
VPC リソースのみ、または VPC と他のネットワークリソースを作成します。
VPCのみ
VPCなど

名前タグ - オプション
「Name」のキーと、ユーザーが指定する値でタグを作成します。
my-vpc-01

IPv4 CIDR ブロック 情報
IPv4 CIDR の手動入力
IPAM 割り当ての IPv4 CIDR ブロック

IPv4 CIDR
10.0.0.0/16

IPv6 CIDR ブロック 情報
IPv6 CIDR ブロックなし
IPAM 割り当ての IPv6 CIDR ブロック
Amazon 提供の IPv6 CIDR ブロック
IPv6 CIDR 所有 (ユーザー所有)

テナンシー 情報
デフォルト

他のVPCと接続する

VPCは独立したネットワークとして作成されますが、VPC同士を接続して利用することができます。これを**VPCピアリング**といいます。

前ページで解説した通り、リージョンをまたいだVPCは作成できませんが、VPCピアリングを用いることで、他のリージョンのVPCと接続することもできます。

●2つのリージョンをVPCピアリングで接続

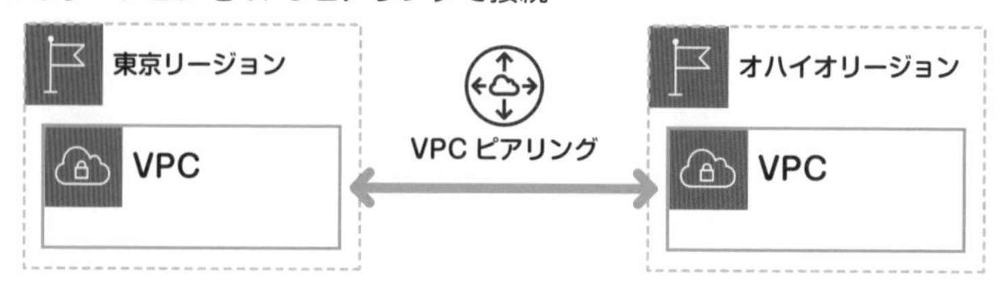

用語

VPCピアリング
VPC同士を接続するサービスです。
異なるリージョンのVPC同士を接続することもできます。

重要

VPC同士でIPアドレスが重複しているとVPCピアリングができません。そのため、他のVPCと接続する可能性がある場合は、お互いにIPアドレスが重複しないようにVPCを設定する必要があります。

オンプレミスのネットワークと接続する

VPCはオンプレミスのネットワークと接続することもできます。これにより、オンプレミスとクラウドを組み合わせたハイブリッドなシステムの構築が可能です。例えば、会社のセキュリティポリシーで個人情報をクラウド上に保管することができない場合、VPCとオンプレミスのネットワークを接続することで、オンプレミス上に保管した個人情報への接続ができるようになります。

このような場合に採用すべき、VPCとオンプレミスのネットワークを接続するAWSサービスを紹介します。

● AWS Direct Connect

AWS Direct Connect（以降、Direct Connect）は、VPCとオンプレミスのネットワークを専用線で接続するサービスです。専用線とは、特定の企業や組織のみが利用するための専用のネットワーク回線のことです。IT

サービス提供者専用の回線で接続するため、不特定多数が利用するインターネットは経由しません。安定した品質で通信できることに加えて、改ざんやなりすましといった攻撃を受けるリスクを下げられます。

●VPCとオンプレミスのネットワークをDirect Connectで接続

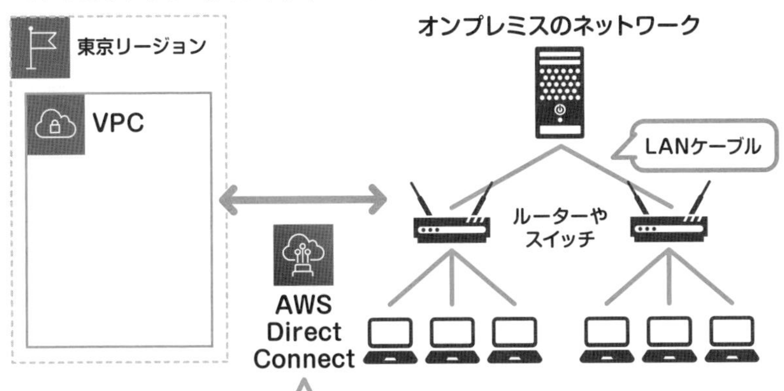

AWS Direct Connect
VPCとオンプレミスのネットワークを、インターネットを経由しない専用線で接続するサービスです。

● AWS Virtual Private Network

AWS Virtual Private Network（以降、AWS VPN）は、VPCとオンプレミスのネットワークをインターネット上に設けられた仮想の専用線で接続するサービスです。通信を暗号化することで、インターネット上に仮想的な専用線を作ります。仮想の専用線を利用するため、AWS VPNはDirect Connectより導入しやすく、利用料金も抑えることができます。一方、専用線ではありますが、インターネットを経由しなければならないため、通信の品質や安全性はDirect Connectのほうが高いです。

●VPCとオンプレミスのネットワークをAWS VPNで接続

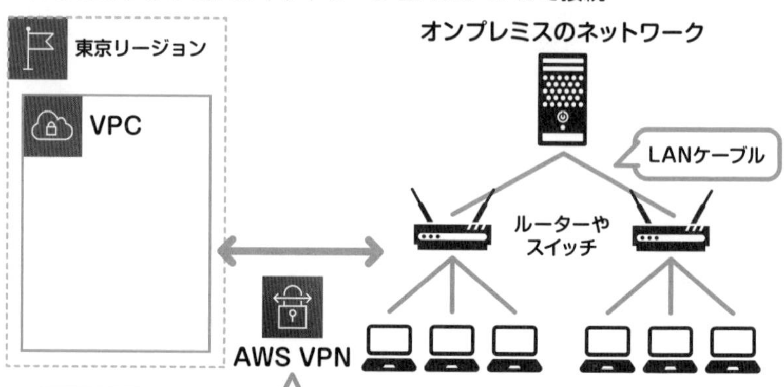

用語

AWS Virtual Private Network
VPCとオンプレミスのネットワークを、インターネット上に設けられた仮想の専用線で接続するサービスです。

Direct ConnectとAWS VPNを「通信の品質」「通信の安全性」「利用料金」「導入の容易さ」の項目で比較し、それぞれどちらのサービスのほうがよいかをまとめると、以下のようになります。VPCとオンプレミスのネットワークを接続する際に重視する要素に合わせて使い分けましょう。

●オンプレミスのネットワークと接続するAWSサービスの比較

	Direct Connect	AWS VPN
通信の品質	○	
通信の安全性	○	
利用料金		○
導入の容易さ		○

2-2 インターネットと接続する

POINT!

- サブネットごとに、ネットワークの用途を分けることができる
- インターネットゲートウェイは、サブネットとインターネットの双方向通信を可能にする
- NATゲートウェイは、サブネットからインターネットへの片方向通信を可能にする

VPCをAWS外のネットワークにつなぐには？

ここまで、AWS上にVPCでネットワークを作る方法を学習しました。しかし、VPCを作成してそこにシステムを作り上げても、AWS外のネットワークにつなげない限り、不特定多数のユーザーにITサービスを提供することはできません。

そこで、AWS外のネットワークにつなぐために利用するのが、皆さんも利用している**インターネット**です。インターネットは、世界中のネットワーク同士をつないで構成されたものです。自分で作成したネットワークをインターネットにつなげることで、ITサービスを世界中に公開できます。

●VPCをインターネットにつなぐ

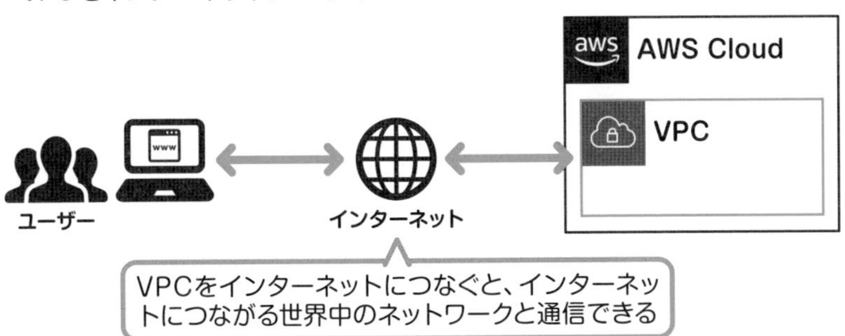
AWS Cloud
VPC
ユーザー
インターネット
VPCをインターネットにつなぐと、インターネットにつながる世界中のネットワークと通信できる

AWS上で作成したITサービスを、不特定多数のユーザーに提供する際は、VPCをインターネットにつなぐ必要があるということを覚えておきましょう。

インターネットにつなぐ準備をする

VPCをインターネットにつなぐ前に、まずは新しいネットワークをVPC上に作成する必要があります。VPCなどの大きいネットワーク内に、特定のネットワークを切り出すことで、新しいネットワークを作成可能です。このように、大きいネットワークから切り出して作成するネットワークを、**サブネット**と呼びます。

Webページの公開などに利用するEC2や、データベースであるRDSなどの各AWSサービスは、VPC上ではなく、サブネット上で動作します。そのため、AWS上でシステムを構築する際は、VPC上に必ずサブネットを作成することを覚えておきましょう。

●VPCを切り出してサブネットを作成する

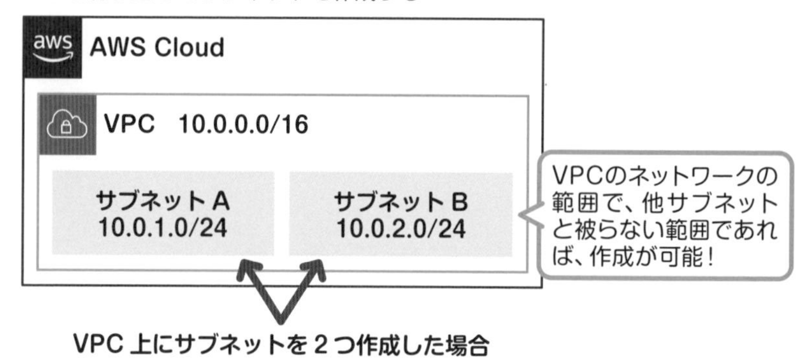

サブネットを作成する際は、2種類のサブネットを作成しましょう。2種類のサブネットとは、インターネットからアクセスさせる**パブリックサブネット**と、インターネットからアクセスさせない**プライベートサブネット**です。パブリックサブネットには、Webページを公開するAWSサービスであるEC2などを配置し、プライベートサブネットには、個人情報データなどを格納しているRDSなどを配置します。

●パブリックサブネットとプライベートサブネット

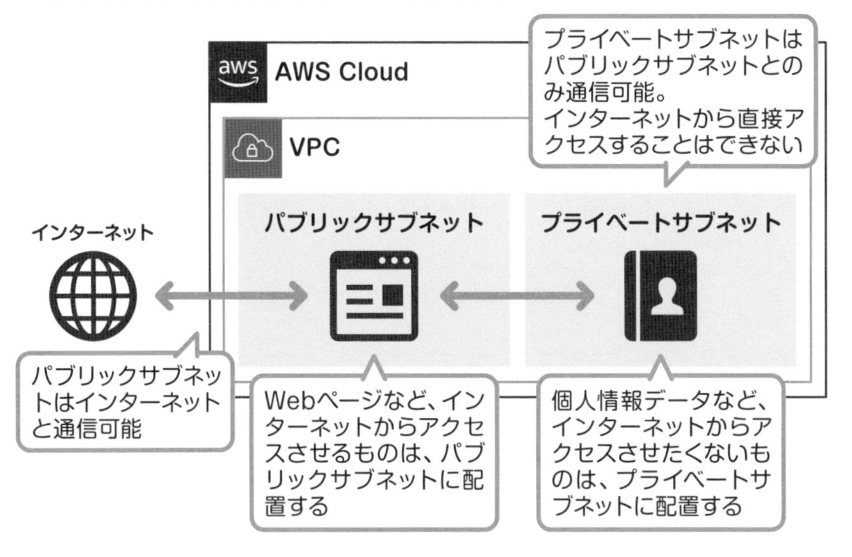

このようにサブネットを分けることで、インターネットからのアクセスをパブリックサブネットに限定し、データベースサーバーなどの重要な情報へは直接アクセスさせないようにすることが可能です。

インターネットに接続する

パブリックサブネットとプライベートサブネットを作成したら、次はVPCをインターネットにつなぎます。AWSで作成したネットワークをインターネットにつなぐための代表的なAWSサービスを2つ紹介します。

●インターネットゲートウェイ

パブリックサブネットからインターネットと通信するには、**インターネットゲートウェイ**を利用します。インターネットゲートウェイは、VPCに設定することで利用できます。

●インターネットゲートウェイの設定例

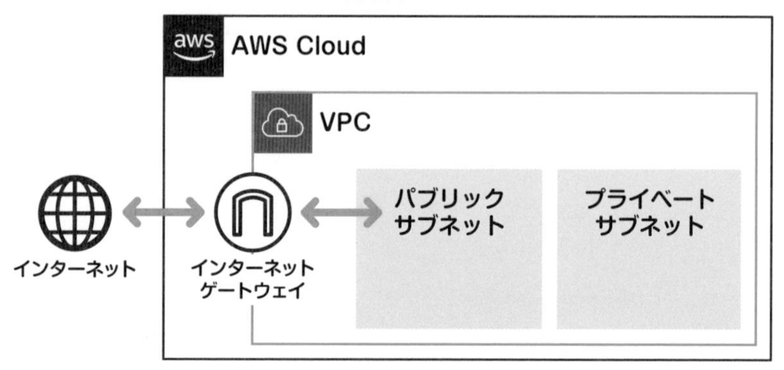

用語

インターネットゲートウェイ
VPCとインターネットとの間で、通信を可能にするAWSサービスです。インターネットゲートウェイをVPCに設定すると、VPC上のAWSサービスはインターネットと通信できます。

● NATゲートウェイ

プライベートサブネットからインターネットへ通信するには、**NAT**（ナット）**ゲートウェイ**を利用します。NATゲートウェイは、パブリックサブネット上に作成することで利用可能です。NATゲートウェイを使うと、プライベートサブネット上のAWSサービスからインターネットへと一方的に通信できます。

注意

NATゲートウェイを利用する際は、インターネットゲートウェイも用意する必要があります。NATゲートウェイのみでは、インターネットと通信することはできません。インターネットと通信するためには、インターネットゲートウェイが必ず必要であることに注意しましょう。

●NATゲートウェイの設定例

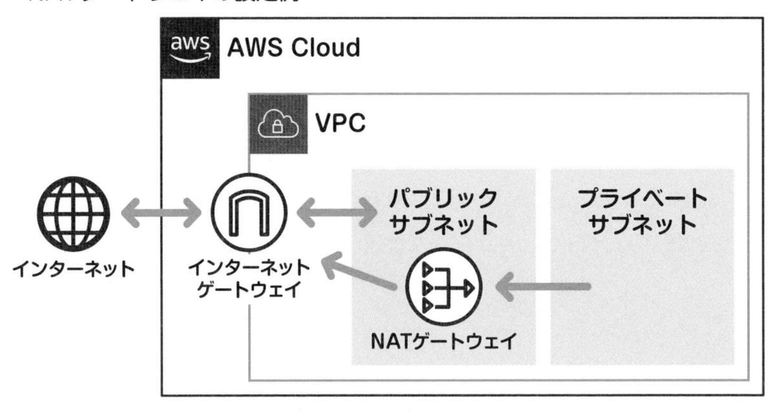

NATゲートウェイ

ネットワークアドレス変換（Network Address Translation：NAT）を行うAWSサービスです。NATゲートウェイをパブリックサブネット上に作成することで、プライベートサブネット上のAWSサービスは、インターネットと通信できます。

インターネットゲートウェイやNATゲートウェイを経由し、インターネットと通信する際には、ルートテーブルの設定が必須です。ルートテーブルとは、サブネット内の通信経路を定義した表です。
インターネットゲートウェイやNATゲートウェイを宛先とする経路をルートテーブルに定義すると、サブネット内のAWSサービスは、インターネットと通信できます。

2-3 仮想ネットワークを守る

POINT!

- 外部からの通信を制御することで、不正アクセスなどの脅威から、システムを守れる
- セキュリティグループは、AWSサービス単位で通信を制御できる
- ネットワークACLは、サブネット単位で通信を制御できる

ネットワークを介した攻撃

VPCをインターネットにつなげると、世界中に張り巡らされたインターネットとつながるネットワークから、VPCにアクセス可能となってしまいます。そのような環境で、VPC上に作成したシステムに何もセキュリティ対策を施さなかった場合、外部からさまざまな攻撃を受ける恐れがあります。ここでは、ネットワークを介した攻撃の代表例として、**不正アクセス**を紹介します。

不正アクセスとは、名称から想像できる通り、本来アクセス権限を持たない何者かが、ネットワークを介して、サーバーやデータベースなどシステムの内部にアクセスする行為です。組織のネットワークのセキュリティ対策を怠り、サーバーに不正アクセスされてしまうと、個人情報や機密情報の漏えいのような被害を受けてしまいます。会社が提供しているITサービスが上記のような被害にあった場合、個人情報が漏えいした被害者に対する損害賠償が必要となるだけでなく、社会的信用にも大きな影響をおよぼします。

●不正アクセス

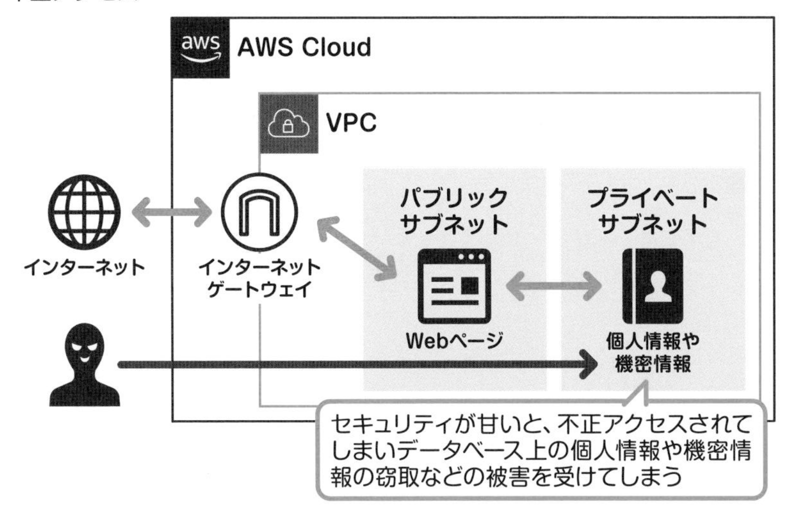

このような不正アクセスを防ぐためには、ネットワーク上の通信を制御し、必要最低限の通信のみできるようにする必要があります。

●不正アクセスを防ぐ

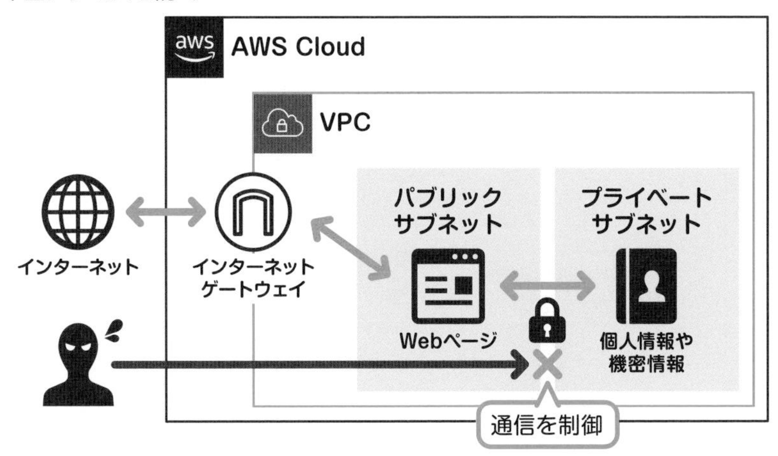

AWSで通信を制御する

それでは、AWSでネットワーク上の通信を制御する際に使用する、代表的なAWSサービスを2つ紹介します。

● セキュリティグループ

セキュリティグループは、Webページの公開などに利用するEC2や、データベースであるRDSのようなAWSサービスに対して、通信を制御できるAWSサービスです。セキュリティグループは、通信先から通信元に対しての通信（**インバウンドトラフィック**）と、通信元から通信先に対しての通信（**アウトバウンドトラフィック**）の制御について、拒否は設定できず、許可のみを設定できます。なお、インバウンドトラフィックに関する通信制御のルールをインバウンドルール、アウトバウンドトラフィックに関する通信制御のルールをアウトバウンドルールといいます。

●セキュリティグループでAWSサービスの通信を制御する

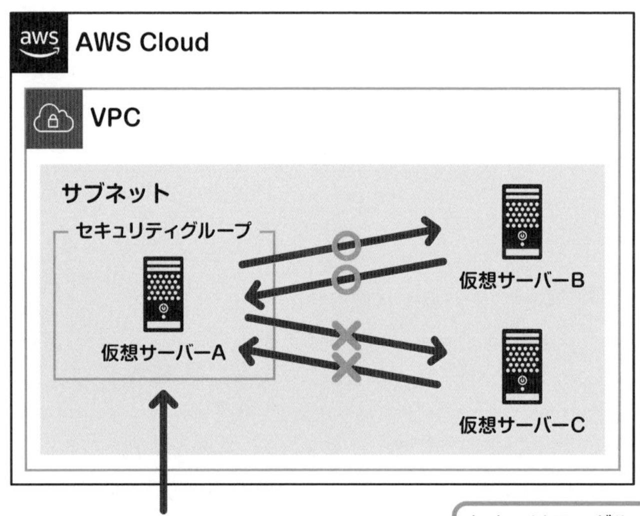

セキュリティグループの設定例

インバウンドルール	アウトバウンドルール
サーバーB	サーバーB

セキュリティグループは、通信許可のみ設定するため、インバウンドルール、アウトバウンドルールに通信先を定義するだけでよい

セキュリティグループ
VPC上の通信を制御するAWSサービスです。セキュリティグループを利用することで、AWSサービスに対し、事前に定義した通信のみを許可するため、不正アクセスを防げます。

● ネットワークACL

ネットワークアクセスコントロールリスト（以降、ネットワークACL）は、サブネットのインバウンドトラフィック、アウトバウンドトラフィックの通信を制御できます。セキュリティグループと異なり、ネットワークACLは、許可だけでなく、拒否のルールを定義することができます。

●ネットワークACLでサブネットの通信を制御する

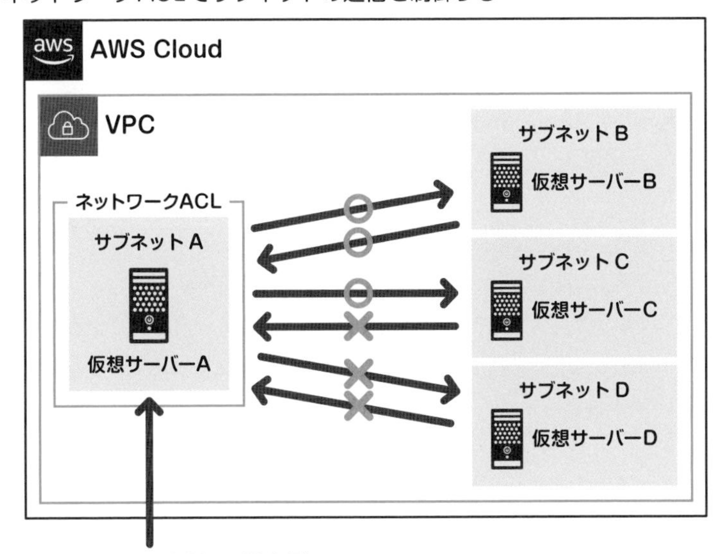

ネットワークACLの設定例

インバウンドルール		アウトバウンドルール	
通信先	許可 / 拒否	通信先	許可 / 拒否
サーバーB	許可	サーバーB	許可
サーバーC	拒否	サーバーC	許可
サーバーD	拒否	サーバーD	拒否

ネットワークACL
VPC上の通信を制御するAWSサービスです。ネットワークACLを利用すると、サブネットに対し、事前に定義した通信のみを許可できるため、不正アクセスを防ぐことが可能です。

セキュリティグループとネットワークACLについて、目的と設定対象をまとめると、以下の通りとなります。

●セキュリティグループとネットワークACLの比較

AWSサービス名	目的	ルールの設定
セキュリティグループ	AWSサービスに対する通信を制御する	許可のみ
ネットワークACL	サブネットに対する通信を制御する	許可と拒否

試験にトライ!

Q 次のうち、AWSのネットワークについて、誤った説明はどれですか(1つ選択)。

A. VPCは複数のAZをまたいで作成できる
B. VPCは異なるリージョンをまたいで作成できる
C. VPCピアリングを利用することで、VPC同士を接続できる
D. AWS VPNを利用することで、VPCとオンプレミスのネットワークを接続できる

A 異なるリージョンをまたいだVPCは作成できませんが、VPCピアリングを用いることで、異なるリージョンのVPC同士を接続できます。一方で複数のAZをまたいだVPCは作成ができ、いずれかのAZで障害が発生した場合でも他のAZでVPCは継続して利用できるため、ネットワークの可用性を向上させられます。また、AWS VPNやDirect Connectを利用することで、VPCを他のVPCやオンプレミスのネットワークと接続できます。

正解 **B**

2日目のおさらい

問題

Q1

次のうち、VPC同士を接続する際に使用するAWSサービスを1つ選択してください。

A. AWS Direct Connect
B. VPCピアリング
C. AWS VPN
D. インターネットゲートウェイ

Q2

次のうち、AWS上のネットワークとオンプレミス上のネットワークを、インターネットを経由しない専用線で接続するAWSサービスを1つ選択してください。

A. AWS VPN
B. NATゲートウェイ
C. AWS Direct Connect
D. ネットワークACL

Q3

次のうち、VPCをインターネットにつなぐ前の準備で作成すべきサブネットを2つ選択してください。

A. パブリックサブネット
B. オープンサブネット
C. セキュリティサブネット
D. プライベートサブネット

Q4

次のうち、VPCとインターネットの間で双方向の通信をするために使用するAWSサービスを1つ選択してください。

A. インターネットゲートウェイ
B. ネットワークACL
C. AWS VPN
D. NATゲートウェイ

Q5

次のうち、AWSのネットワーク上の通信を制御するAWSサービスを2つ選択してください。

A. EC2
B. セキュリティグループ
C. RDS
D. ネットワークACL

解答

A1 B

VPC同士を接続する際に使用するAWSサービスは、BのVPCピアリングです。AのAWS Direct Connectはオンプレミスのシステムと VPCを専用線で接続するAWSサービスです。CのAWS VPNは、オンプレミスのシステムなどにインターネットを経由して接続するAWSサービスです。Dのインターネットゲートウェイは、VPCからインターネットにつなぐためのAWSサービスです。

➡ P.87

A2 C

AWS上のネットワークとオンプレミス上のネットワークを、インターネットを経由しない専用線で接続するAWSサービスは、CのAWS Direct Connectです。AのAWS VPNは、インターネットを経由してオンプレミスのシステムなどに接続するAWSサービスです。BのNATゲートウェイは、プライベートサブネットからインターネットにつなぐ際に使用するAWSサービスです。Dのネットワーク ACLは、ネットワーク上の通信を制御するためのAWSサービスです。

➡ P.88

A3 A、D

VPCをインターネットにつなぐ準備で作成するサブネットは、インターネットにつなぐAのパブリックサブネットと、インターネットにつなげないDのプライベートサブネットの2つです。

➡ P.92

A4 A

VPCからインターネットにつなぐために使用するAWSサービスは、Aのインターネットゲートウェイです。BのネットワークACLは、ネットワーク上の通信を制御するためのAWSサービスです。CのAWS VPNは、オンプレミスのシステムなどにインターネットを経由し、接続するAWSサービスです。DのNATゲートウェイは、プライベートサブネットからインターネットにつなぐ際に使用するサービスです。

➡ P.93

A5 B、D

AWSのネットワーク上の通信を制御するAWSサービスは、Bのセキュリティグループと、DのネットワークACLです。AのEC2はコンピューティングサービス、CのRDSはデータベースサービスです。

➡ P.98、P.99

3日目

AWSに仮想サーバーを作る

3日目で学ぶこと

・サーバーの基礎知識
・AWSでの仮想サーバーの作り方
・AWSでのコンテナの作り方
・AWSでサーバーレスにコードを実行する方法

3日目では、ITサービスの核となるアプリケーションの動作に必要なサーバーの基礎知識やAWSサービスについて学習します。また、近年はサーバー以外のアプリケーション実行環境を採用するケースも増えています。そのため、サーバーだけでなく、軽量なアプリケーション実行環境であるコンテナや、サーバーを意識することなくアプリケーションが実行できるサーバーレスについても解説し、関連するAWSサービスについて紹介します。

●3日目の学習内容

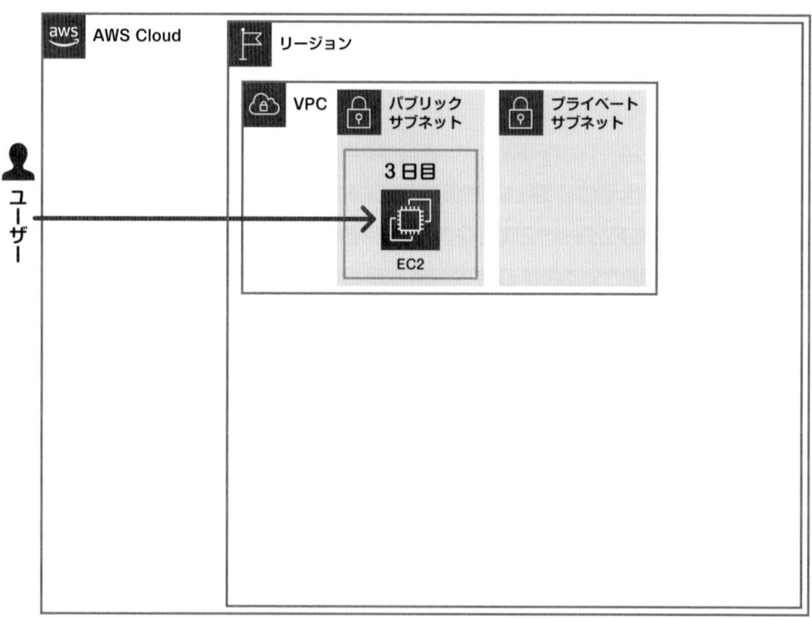

1 サーバーの基礎

- ☐ サーバー
- ☐ ハードウェア
- ☐ ソフトウェア

1-1 サーバーを構成する要素

POINT!

- ・サーバーを利用して、アプリケーションを実行できる
- ・OSが仲介することで、アプリケーションやミドルウェアはハードウェアを利用できる
- ・ハードウェアやソフトウェアは、サーバーの用途に合わせて選択することが重要

サーバーとは

ネットワークを構築した後は、ネットワーク内に**サーバー**を準備しましょう。ITサービスの根幹であるアプリケーションは、サーバーを利用して実行できます。サーバーを構成する要素は、**ソフトウェア**と**ハードウェア**に大別できます。

ハードウェアの種類

まずは、ハードウェアについて解説しましょう。ハードウェアは、サーバーを構成する物理的な要素です。サーバーといってもコンピュータの一種なので、皆さんが普段利用するパソコンと、物理的な構成は変わりません。サーバーもパソコンと同じように、**CPU**、**メモリ**、**ストレージ**といったハードウェアから構成されます。

● CPU

CPU（Central Processing Unit：中央処理装置）は、データの入出力の制御や演算を行う、いわばコンピュータの頭脳です。CPUの性能は、コア数やクロック数に依存します。コア数は並列に処理できる数を表すため、コア数が多いCPUは複数の処理を並列に実行できます。また、クロック数は処理の速さを表すため、クロック数が高いCPUは、クロック数が低いCPUと比べ、同じ時間で多くの処理を実行できます。

● メモリ

メモリは、CPUが処理するためのデータを一時的に保存するための場所です。メモリ上のデータは読み取りや書き込みを非常に高速に行えるため、CPUの高速な処理に対応できます。メモリの性能は、データを保存できる容量とデータ転送速度に依存します。容量が大きいメモリは、より多くのデータを一時的に保存できます。データ転送速度が速いメモリは、CPUやストレージとより速くデータをやりとりできます。

● ストレージ

ストレージは、データを長期的に保存するための場所です。主にサーバーやパソコンで利用するストレージは、その仕組みから2つの種類に分けられます。1つは、**HDD**（ハードディスクドライブ）、もう1つは**SSD**（ソリッドステートドライブ）です。最近のパソコンでは、HDDではなくSSDが内蔵されていることもよくあります。それぞれのストレージを比較すると、HDDはデータの読み書きは遅い反面、安価であり、SSDはデータの読み書きは速い反面、高価です。

ストレージの性能は、IOPS、スループット、データを保存できる容量に依存します。IOPSは、Input/Output Per Secondの略で、データを1秒間に読み書きできる回数を表すため、IOPSが高いストレージは、より高速にデータの読み書きができます。スループットは、データを1秒間に転送できる量を表すため、スループットが高いストレージは、より高速にデータを転送できます。また、容量が大きいストレージは、より多くのデータを保存できます。ストレージについては、5日目で詳しく説明します。

ハードウェアの処理と性能の関係

サーバーの処理の中で、それぞれのハードウェアがどのような役割を担うのか、サーバーがテキストファイルを更新する処理の流れで紹介します。まず、ユーザーがテキストファイルを更新する処理を依頼すると、CPUがそれを受け付けます。そして、必要なテキストファイルのデータをストレージから取り出し、メモリに配置します。その後、CPUがメモリに配置されたテキストファイルを依頼通りに更新し、更新が完了したテキストファイルをユーザーに返します。

●サーバーがテキストファイルを更新する処理

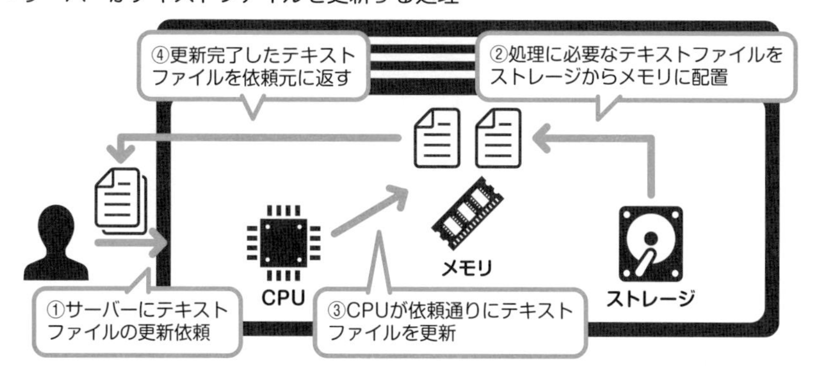
④更新完了したテキストファイルを依頼元に返す
②処理に必要なテキストファイルをストレージからメモリに配置
メモリ
CPU
ストレージ
①サーバーにテキストファイルの更新依頼
③CPUが依頼通りにテキストファイルを更新

ただし、提供する機能に対して性能が不足しているハードウェアを利用していると、そのハードウェアの処理が遅いために、待ち状態の処理が増えてしまいます。待ち状態の処理が増えすぎてしまうと、サーバーがパンクし、全体のパフォーマンスの低下につながります。そのため、サーバーが提供する機能に見合う性能を持ったハードウェアを選択する必要があります。

ハードウェアの処理と性能の関係を理解しやすくするため、ネジ工場におけるネジの製造工程に例えてもう一度整理してみましょう。サーバーを工場とした場合、CPUは工場の作業員です。メモリはネジを作るための作業台で、ストレージはネジを作るために必要な素材が蓄えられた倉庫に相当します。

●ネジ工場の工程

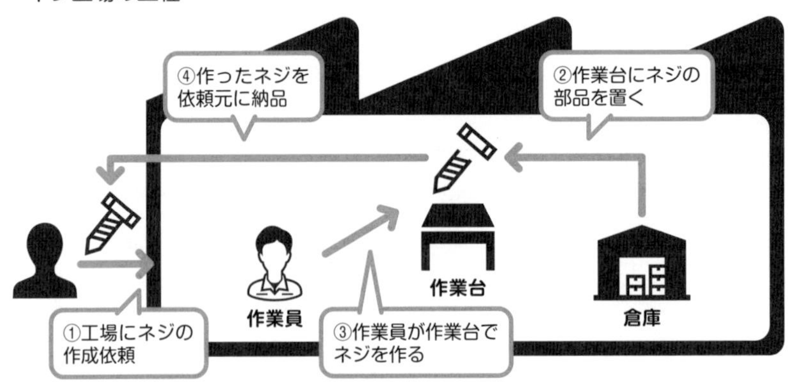

工場の作業員がどれだけ優秀でも、ネジを作る作業台が小さければ、ネジの素材を倉庫から運んでくる回数が増えてしまうため、作業台が大きい場合と比較してネジの生産量は少なくなってしまいます。サーバーも同様で、CPUの性能が高くても、メモリの性能が低ければ、メモリのせいで待ち状態の処理が増えてしまい、サーバー全体のパフォーマンスは上がりません。かといって、すべてのハードウェアを高性能なものにすると、料金が高くなってしまいます。そのため、ハードウェアを選ぶ際は、サーバーが提供する機能に見合ったものを選択し、性能や料金を最適化することが理想です。

ソフトウェアの種類

次に、ソフトウェアについて解説しましょう。ソフトウェアとは、ハードウェアを利用して動作するプログラム全般を指します。プログラムは、コンピュータに行わせる処理を記述したものです。**OS**、**ミドルウェア**、**アプリケーション**はソフトウェアに分類されます。

OS

OSは、オペレーティングシステム（Operating System）の略で、アプリケーションなどのソフトウェアやハードウェアを管理し、それらを仲介するソフトウェアです。例えば、スマートフォンでは、Apple社のiOSやGoogle社のAndroid、パソコンでは、Microsoft社のWindowsやApple社のmacOSなどが挙げられます。また、ITサービスを提供するための業務用サーバーに利用される代表的なOSとしては、Microsoft社のWindows ServerやRed Hat社のRed Hat Enterprise Linuxなどが挙げられます。

OSは、アプリケーションやミドルウェアを実行する際、必要なハードウェアを利用できるように制御してくれます。それぞれのOSによって特徴は異なるため、アプリケーションを起動するために必要なミドルウェアとの親和性などをもとに適切なOSを選択します。ITサービスを構築する際は、はじめにアプリケーションやミドルウェアを選んだ上で、最も適しているOSを選択するようにしましょう。

ミドルウェア

1日目でも紹介したミドルウェアは、アプリケーションとOSの中間的な機能を提供するソフトウェアです。ミドルウェアをインストールすることで、サーバーは、アプリケーションを利用するための土台として働きます。例えば、Apache HTTP Serverというミドルウェアをインストールすれば、ユーザーのWebブラウザと通信し、Webページや画像などを提供できます。このような役割を持つサーバーを、Webサーバーといいます。ITサービスを利用するユーザーは、アプリケーションをWebページ経由で実行します。そのため、Webサーバーがなければ、せっかくアプリケーションを作成しても、ユーザーに提供することができません。このように、ミドルウェアはユーザーがアプリケーションを実行するにあたり、補助的な役割を担います。ミドルウェアは、提供するITサービスに必要な機能に応じたものを選定するようにしましょう。

アプリケーション

アプリケーションは、特定の機能を提供するソフトウェアです。皆さんが利用するパソコンにも、表計算ソフトやメールソフトなどのアプリケーションがインストールされているかと思います。これらのアプリケーションを使うことで、皆さんは数値データの集計をしたり、メールを送ったりできます。アプリケーションは、提供したい機能に合わせてITサービス提供者が0から作成します。そのため、他のITサービスと差別化するためには、アプリケーションの作成に最も時間を割く必要があります。なお、OSやミドルウェアは、ITサービス提供者が0から作成するのではなく、既に利用可能な状態のOSやミドルウェアをアプリケーションが実行できるよう設定して利用するのが一般的です。

ここまでに紹介したサーバーを構成する要素を図にまとめると、以下の通りです。

●サーバーを構成する要素

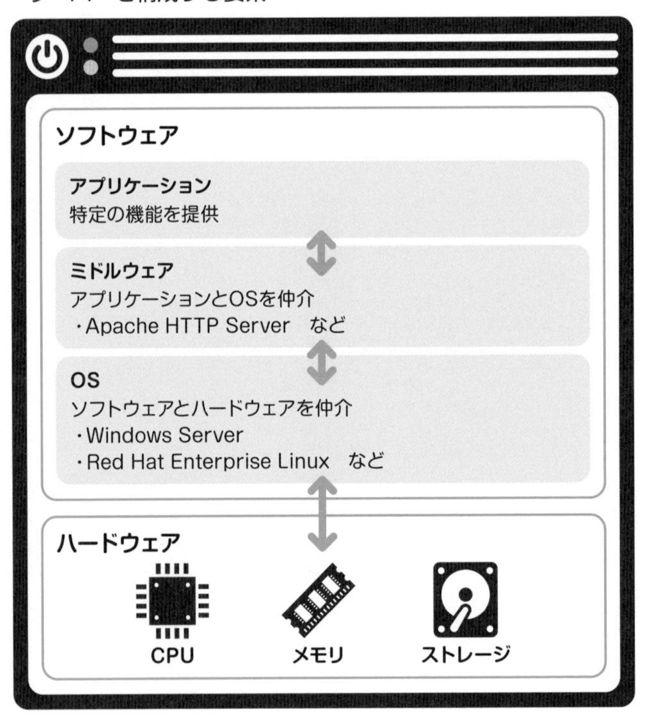

2 AWSにアプリケーション実行環境を作る方法

- □ EC2
- □ ECS、EKS
- □ Lambda

2-1 仮想サーバーを作る

POINT!

- EC2は仮想サーバーサービスで柔軟にカスタマイズできる
- AMIはソフトウェアを組み合わせたテンプレートで、ソフトウェアがインストールされた状態でEC2を作成できる
- Auto Scalingにより、EC2の可用性を高められる

AWSで仮想サーバーを作る

Amazon Elastic Compute Cloud（以降、EC2）は、AWSが提供する仮想サーバーです。仮想サーバーについては1日目でも紹介していますが、EC2は、AWSが管理する巨大なサーバーの一部分を、独立した仮想サーバーとしてITサービス提供者に提供するAWSサービスです。

EC2の特徴の1つとして、カスタマイズ性の高さが挙げられます。ITサービス提供者は、提供するITサービスの用途に応じて、CPUやメモリ、ソフトウェアなどをカスタマイズできます。また、OS以外のソフトウェアがインストールされていない状態からEC2を利用する場合は、必要に応じてソフトウェアをインストールして利用できます。その反面、ITサービス提供者側で責任を持って作業をしなければならない範囲が広いAWSサービスであるともいえます。例えば、仮想サーバーのセキュリティ対策や、災害や異常に備えた可用性対策などもITサービス提

供者側で実施する必要があります。

Amazon Elastic Compute Cloud（EC2）
仮想サーバーを提供するAWSサービスです。CPUやメモリ、OSの種類や設定などを柔軟にカスタマイズできます。

仮想サーバーとオンプレミスサーバーの比較

まず、EC2とオンプレミスサーバーの大きな違いについて、次の2点を押さえておきましょう。

1点目は、利用開始までの早さです。EC2は仮想サーバーであり、ハードウェアはAWS側で保持しています。そのため、ITサービス提供者側でハードウェアを準備する必要はなく、オンデマンドにサーバーを作成可能です。一方、オンプレミスでサーバーを作成する場合、まずはハードウェアを発注するところから始まります。ハードウェアが届くまでに、数日から数か月かかってしまうことも珍しくありません。ビジネスを取り巻く環境の変化スピードは、年々増していることもあり、素早くサーバーを作成できることは、EC2を利用する上での大きなメリットです。

2点目は、課金体系です。EC2は従量課金制であり、起動時間に応じて課金されます。一方で、オンプレミスのサーバーは、ハードウェアを調達するために、はじめに高額な料金を支払う必要があります。ようやく開発したITサービスが短期間で使われなくなる可能性もある中で、ハードウェアに高額な投資を行うことはリスクとなりえます。そのため、短期間の使用には従量課金制のEC2が向いているといえます。

逆に、オンプレミスサーバーを採用すべきケースとしては、例えば社外にデータを配置したくないケースが挙げられます。ITサービスによっては、セキュリティ上の観点から、自社で管理しているデータセンター以外にはデータを配置してはならないというルールを設ける企業もあります。その場合は、AWSのデータセンター上にデータを配置することになるEC2ではなく、自社で完全に管理ができるオンプレミスサーバーの採用を検討します。

EC2の主要な設定項目

それでは、EC2を作成するための主要な設定項目を確認していきましょう。

● インスタンスタイプ

まずは、インスタンスタイプを選択します。インスタンスタイプとは、起動するEC2のCPUのコア数とメモリの容量の組み合わせです。つまり、EC2が発揮できるパフォーマンスに関する設定項目です。インスタンスタイプは、以下のような規則の文字列で表されます。

●インスタンスタイプの表記方法

●インスタンスタイプの設定項目

名前	説明
ファミリー	CPUとメモリのタイプ。汎用やメモリ最適化、高速コンピューティングなどの種類を表す
世代	インスタンスの世代。数が大きいほど、最新の世代であることを表す
追加機能	追加で選択できる機能。どの企業（IntelやAMD）のCPUを利用するかなどを表す
サイズ	CPUとメモリの組み合わせ。サイズが大きいほど、高性能なCPUとメモリが利用できることを表す

インスタンスタイプは、計算が速いものや、メモリを多く搭載したものなど豊富な種類が用意されています。EC2の用途に応じて、適切なインスタンスタイプを選ぶようにしましょう。

● AMI

Amazon Machine Image（以降、AMI）は、ソフトウェアを組み合わせたテンプレートです。AMIを利用することで、既にOSやミドルウェア、アプリケーションがインストールされたEC2を利用可能です。AMIにはいくつか種類があります。AWSが用意したテンプレートを使って手軽にEC2を利用したい場合、**クイックスタートAMI**を利用します。クイックスタートAMIでは、Windows ServerやRed Hat Enterprise Linuxなど、豊富な種類やバージョンのOSのテンプレートが用意されています。

AMIは、自分で作成することも可能です。事前にソフトウェアのインストールや設定が済んだEC2をテンプレート化し、同じ設定のEC2を複数起動させる場合は、**カスタムAMI**を利用します。カスタムAMIを利用すると、ミドルウェアのインストールや設定を繰返し行う手間を省略できます。また、カスタムAMIはAWSを利用する他のITサービス提供者へ公開可能で、公開されているカスタムAMIを**コミュニティAMI**といいます。

その他にも、**AWS Marketplace**で販売されている**AWS Marketplace AMI**があります。AWS Marketplace AMIは、AWS以外の企業が提供するAMIです。

●AMIの種類

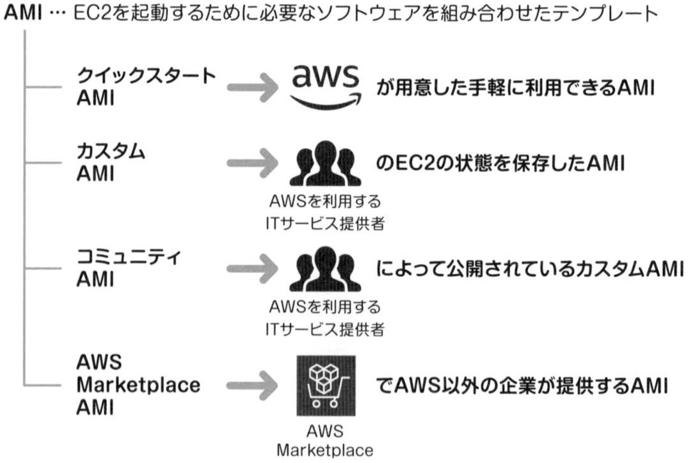

AMI … EC2を起動するために必要なソフトウェアを組み合わせたテンプレート

- **クイックスタートAMI** → aws **が用意した手軽に利用できるAMI**
- **カスタムAMI** → AWSを利用するITサービス提供者 **のEC2の状態を保存したAMI**
- **コミュニティAMI** → AWSを利用するITサービス提供者 **によって公開されているカスタムAMI**
- **AWS Marketplace AMI** → AWS Marketplace **でAWS以外の企業が提供するAMI**

クイックスタートAMIの一部のAMIは、無料で利用できます。2023年1月時点では、AWSに最初にサインアップした日から1年間は、月750時間まで無料で利用できます。

Amazon Machine Image（AMI）
EC2を作成するためのテンプレートです。AWSが提供するAMIや、独自に作成したAMIを利用することで、EC2を作成する手間を省くことができます。

AWS Marketplace
AWSで利用できるソフトウェアやAMIなどを販売するオンラインストアです。AWS以外の企業が提供するソフトウェアやAMIを購入できます。

●ストレージ

EC2で利用するストレージのボリュームタイプとサイズを選択します。ボリュームタイプとは、IOPSとスループットの組み合わせです。サイズは、ストレージにデータを保存できる容量です。ボリュームタイプやサイズに応じて、ストレージの料金は変更されるため、用途に応じて最適なものを選ぶようにしましょう。

●ボリュームタイプ

ボリュームタイプ	SSD/HDD	特徴
汎用SSDボリューム	SSD	汎用的に利用できるSSD。EC2のデフォルトで、コスト効率が最も高いボリュームタイプ
Provisioned IOPS SSDボリューム	SSD	ボリュームタイプの中で、最も高性能なSSD。EC2上の処理で、高速にデータの読み書きが必要な場合に最適
スループット最適化HDD	HDD	アクセス頻度の高いデータを保管するHDD。Cold HDDより性能がよいが、SSDのボリュームタイプには劣る
Cold HDD	HDD	アクセス頻度の低いデータを保管するHDD。最も低コスト。バックアップファイルなどの保管に最適

● ネットワーク

2日目に解説したVPCやサブネット、セキュリティグループをEC2に設定します。EC2のIPアドレスは、作成するサブネットの範囲から割り当てられていないものが自動で割り当てられます。

EC2は、「終了」の操作をすることで削除できます。
EC2を停止するつもりで誤ってEC2の終了を選択すると、削除されてしまい再度利用できなくなってしまうため、注意しましょう。

EC2は、ヒューマンエラーなどによる誤ったOS停止や終了を防止するため、停止保護や終了保護を設定可能です。停止保護は誤ってEC2を停止することを防ぐことができ、終了保護は誤ってEC2を削除することを防ぐことができます。
停止保護と終了保護は、対象の設定画面からチェック操作のみで有効化できるため、誤った停止や削除を防ぎたいEC2は停止保護、終了保護を有効化するようにしましょう。

EC2の可用性を高める

EC2の可用性は、AWSが責任を持つ範囲ではないため、ITサービス提供者側で高める必要があります。EC2の可用性を高めるためには、**Amazon EC2 Auto Scaling**（以降、Auto Scaling）を利用します。Auto Scalingは、ITサービス提供者が設定したCPU使用率などのしきい値に応じて、EC2のスケールアウト、あるいはスケールイン※1を自動で実施するAWSサービスです。

●Auto Scalingの例

CPU使用率：80%
Auto Scalingによる
スケールアウト
EC2のCPU使用率が80%以上の場合
EC2をもう1台起動するように設定

CPU使用率：40%

CPU使用率：40%
EC2がスケールアウトすることで
CPU使用率が分散される！

注意

Auto Scalingによるスケールアウトが実行された後、EC2がサーバーとして起動するまでには時間がかかります。しきい値には、少し余裕を持った値を設定しましょう。

※1 サーバーの負荷が高くなった際にサーバーの台数を増やすスケールアウトとは逆に、サーバーの負荷が低くなった際にサーバーの台数を減らすこと。

EC2の料金

EC2の料金を支払う方法について紹介します。主な支払い方法は**オンデマンドインスタンス**、**リザーブドインスタンス**、**スポットインスタンス**です。

● オンデマンドインスタンス

オンデマンドインスタンスは、デフォルトの支払い方法です。EC2が起動している時間あたりの料金が発生します。そのため、ITサービス提供者がEC2を停止している間は、料金が発生しません。また、EC2に設定したインスタンスタイプやAMIに応じて、時間あたりの料金は異なります。

● リザーブドインスタンス

リザーブドインスタンスは、1年か3年の長期契約でまとまった料金を事前に支払う方法です。1年よりも3年の契約のほうが料金は割安になり、オンデマンドインスタンスと比較して最大72%の割引が受けられます。常にEC2が起動していることを想定した価格設定となっているため、一時的な利用や停止することが想定されるEC2での利用は不向きです。EC2の利用が長期間で、その間常に起動した状態が想定される場合は、積極的にリザーブドインスタンスを選択しましょう。

● スポットインスタンス

スポットインスタンスは、EC2を起動するAZに配備されたAWSのサーバーで未割り当てのCPUやメモリを、需要と供給により変動する価格で購入する支払い方法です。AWS側で余剰となっているCPUやメモリを効率的に利用する仕組みなので、その余剰分が少なくなった場合は、オンデマンドインスタンスで起動するEC2が優先されます。そのため、スポットインスタンスで起動したEC2は利用できなくなる可能性があり、その分スポットインスタンスは、オンデマンドインスタンスと比べ、最大90%の割引を受けることができます。スポットインスタンスは、EC2の利用が短時間で済む場合や、中断されることを想定して大量にEC2を作成し、処理するような場合に利用されます。

2-2 コンテナを作る

POINT!

- コンテナは仮想サーバーと比較して、高速にアプリケーションを起動できる
- ECSは、AWS独自のコンテナオーケストレーションが導入されたコンテナ環境を利用できる
- EKSは、オープンソースソフトウェアであるKubernetesのコンテナオーケストレーションが導入されたコンテナ環境を利用できる

コンテナとは

アプリケーションを実行するための環境の1つとして、**コンテナ**という仮想化の仕組みがあります。コンテナは、サーバーと同様にアプリケーション実行環境の1つですが、アプリケーション単位で作成し、コンテナごとに必要最低限なリソースで起動できるため、アプリケーションの起動や実行がサーバーと比較して速いです。また、オンプレミスやクラウドに関わらず、コンテナを起動できるサーバーが用意されていれば、すぐにアプリケーションを実行できることもコンテナの特徴です。

コンテナを利用するためには、サーバーにコンテナエンジンをインストールする必要があります。コンテナエンジンは、コンテナの作成や起動を行うソフトウェアです。コンテナエンジンの代表例は、Docker(ドッカー)です。コンテナエンジンにより作成されたコンテナは、コンテナエンジンがインストールされたサーバーのCPUやメモリ、ストレージを共有して利用できます。

●コンテナの特徴

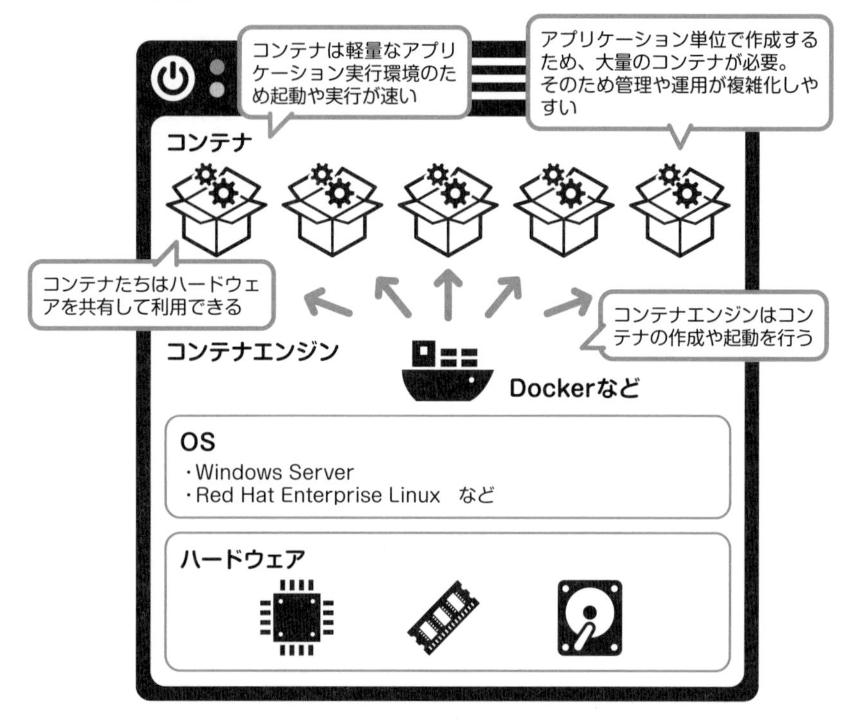

コンテナでアプリケーションを起動するために必要な情報は、すべてコンテナイメージにまとめられています。**コンテナイメージ**とは、アプリケーションも含めたソフトウェアの組み合わせや設定を記録したコンテナ専用のテンプレートです。コンテナを起動する際は、コンテナイメージを利用します。そのため、コンテナとコンテナイメージの関係は、EC2とAMIの関係に近いといえます。EC2はコンテナ、AMIはコンテナイメージに対応します。また、コンテナイメージは、コンテナイメージ用のリポジトリに保存します。代表的なコンテナイメージ用のリポジトリは、Docker社が提供するDocker Hub（ドッカー ハブ）です。

●コンテナイメージとリポジトリ

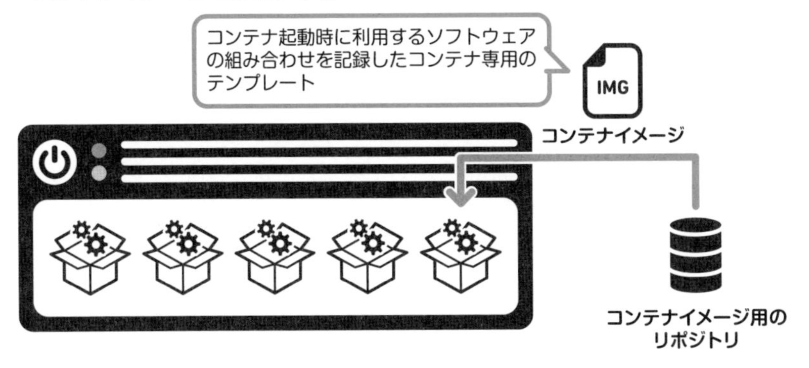
コンテナ起動時に利用するソフトウェアの組み合わせを記録したコンテナ専用のテンプレート
IMG
コンテナイメージ
コンテナイメージ用のリポジトリ

コンテナと仮想サーバーの比較

OSに多くのソフトウェアがインストールされた仮想サーバーと比べると、コンテナは最低限のリソースのみで作成できるため、アプリケーションの起動や実行が非常に速いのが特徴です。しかし、1台で複数のアプリケーションを起動できる仮想サーバーと異なり、コンテナはアプリケーションごとに作成する必要があるため、コンテナの数が多くなってしまいます。そのため、仮想サーバーと比べ、コンテナは管理や運用が複雑になりやすい傾向にあります。

コンテナオーケストレーションとは

コンテナの数が多くなるほど、管理や運用は複雑になります。これは、**コンテナオーケストレーション**を利用することで解決できます。コンテナオーケストレーションとは、コンテナエンジンによって作成されたコンテナを効率よく運用するためのツールです。例えば、コンテナで起動するアプリケーションのバージョンを上げたい場合、古いバージョンのコンテナを削除し、新しいバージョンのコンテナの作成を自動で実行してくれる機能などがあります。代表的なコンテナオーケストレーションとしては、オープンソースソフトウェアのKubernetes（クーバネティス）があります。

用語

オープンソースソフトウェア

誰でも無償で利用可能なソフトウェアです。ソースコードが公開されており、世界中の開発者によって、ソフトウェアの機能追加や脆弱性に対する修正が行われます。スマートフォンのOSであるAndroidや、Webサーバーとしての機能を提供するミドルウェアであるApache HTTP Serverなどはオープンソースソフトウェアのひとつです。なお、ソースコードとは、JavaやPythonなどのプログラミング言語を用いて文字列で記述された、人間が読めるコードのことです。

●コンテナオーケストレーション

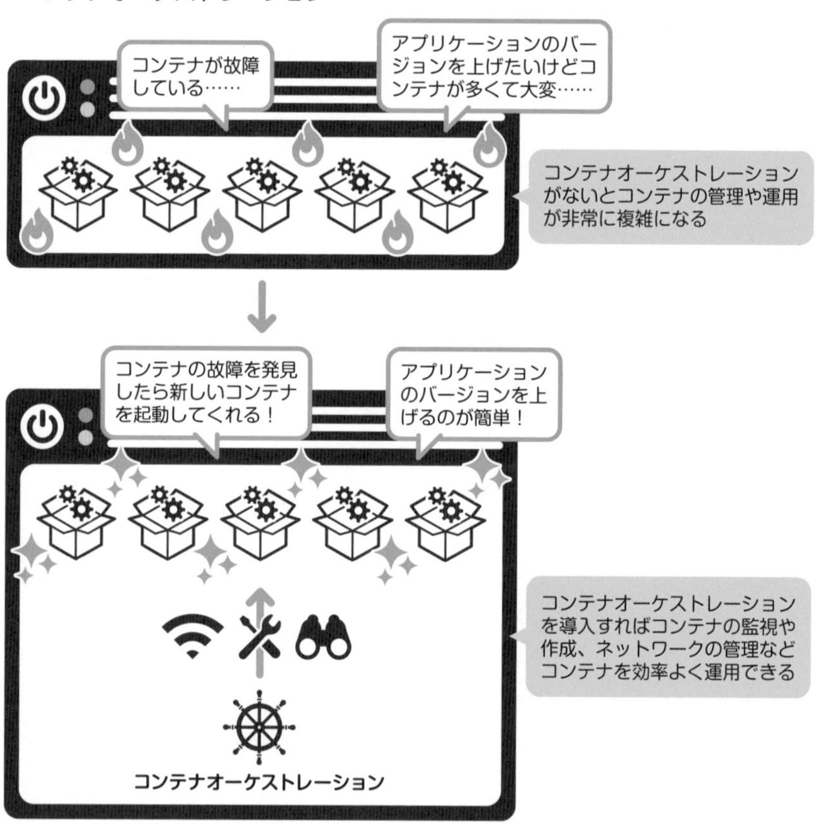

Kubernetes
コンテナオーケストレーション機能を提供するオープンソースソフトウェアです。2023年1月時点で、コンテナオーケストレーションとして最も広く利用されています。

AWSでコンテナ環境を作る

AWSでコンテナ環境を作る場合、Amazon Elastic Container Service（以降、ECS）、またはAmazon Elastic Kubernetes Service（以降、EKS）を利用します。ECSはAWS独自のコンテナオーケストレーションが利用できるコンテナ環境で、EKSはKubernetesが利用できるコンテナ環境です。ECSは、簡単な設定で手軽にコンテナ環境を作成できます。一方でEKSは、詳細に設定する必要があり、ECSと比べ手間がかかります。どちらを利用するか迷う場合、まずは手軽なECSを利用してみましょう。事前にKubernetesをオンプレミスなどで利用しており、そこからコンテナをAWSに移行するケースや、より細かい設定でコンテナ環境を利用する場合は、EKSを利用するようにしましょう。

●コンテナ環境を利用するためのAWSサービス

AWSサービス名	ECS	EKS
特徴	・AWS独自のコンテナオーケストレーションが利用できるコンテナ環境 ・簡単な設定で、手軽にコンテナ環境を利用できる ・EC2かFargateのいずれかと組み合わせることで、コンテナ環境を提供する	・Kubernetesが利用できるコンテナ環境 ・ECSと比べ、詳細に設定をしたコンテナ環境を利用できる ・AWS以外のKubernetesのコンテナ環境から移行できる ・EC2かFargateのいずれかと組み合わせることで、コンテナ環境を提供する

Amazon Elastic Container Service
AWS独自のコンテナオーケストレーションが導入されたコンテナ環境を作成できるAWSサービスです。

用語

Amazon Elastic Kubernetes Service
コンテナオーケストレーションとして広く利用されている、Kubernetesが導入されたコンテナ環境を作成できるAWSサービスです。

ECSとEKSは単独では稼働させることができず、**AWS Fargate**（以降、Fargate）、あるいは、EC2と組み合わせて利用する必要があります。Fargateは、ECSやEKSを起動させるコンテナ環境の管理をAWSが実施してくれるAWSサービスです。Fargateで起動する場合、ITサービス提供者側でコンテナ環境を管理できません。一方、EC2で起動する場合は、ITサービス提供者側で自由にコンテナ環境を管理できますが、EC2が正常に稼働しているか監視を行ったり、EC2に異常が発生した場合に備えて可用性を高めたりなど、運用が煩雑になります。ECSやEKSを利用する際、コンテナ環境の管理が不要な場合は、Fargateが向いています。利用料金については、AWSがコンテナ環境を管理してくれる分、Fargateのほうが割高に設定されています。ただし、EC2のほうが安く利用できても、EC2の管理に人件費がかかってしまう場合もあります。ECSやEKSを利用する場合は、コンテナ環境の管理の有無や利用料金について事前に確認し、適切な組み合わせにするようにしましょう。

●ECSとEKSを稼働させるコンテナ環境

AWSサービス名	Fargate	EC2
特徴	・AWSがコンテナ環境を管理する ・ITサービス提供者側で監視を行ったり、可用性を高めたりする必要はない ・料金がEC2と比べて割高	・ITサービス提供者が自由にコンテナ環境を管理できる ・ITサービス提供者側で監視を行ったり、可用性を高めたりする必要がある ・料金がFargateと比べて割安

AWS Fargate

ECSやEKSを稼働するためのAWSサービスです。コンテナを稼働させるためのサーバーを管理する必要がなく、AWSが管理を行います。

また、ECSやEKSでコンテナを作成する際に利用するコンテナイメージは、Amazon Elastic Container Registry（以降、ECR）に保存します。ECRは、コンテナイメージを保存するためにAWSが提供するマネージドなリポジトリです。

Amazon Elastic Container Registry

コンテナイメージを保存するためのリポジトリを提供するマネージドサービスです。

2-3 サーバーレスを利用する

POINT!

・サーバーレスは、ITサービス提供者がサーバーを意識する必要がないアプリケーション実行環境を意味する
・Lambdaを利用することで、サーバーレスにプログラムを実行できる
・Amazon API Gatewayを利用することで、アプリケーションをAPIで公開できる

サーバーレスとは

ITサービス提供者がサーバーを意識することなく、アプリケーションを実行できる環境を**サーバーレス**といいます。サーバーレスという名称ですが、サーバーがなくてもアプリケーションを実行できるという意味ではありません。アプリケーションを実行するためには、アプリケーション実行環境となるサーバーやコンテナが必要です。しかし、サーバーレスの場合、アプリケーション実行環境は、クラウド事業者から提供されるため、ITサービス提供者側で用意する必要がありません。そのため、ITサービス提供者は、サーバーを意識する必要がなく、安心してアプリケーションを手軽に実行できます。

その反面、クラウド事業者がアプリケーション実行環境をすべて管理するため、可用性や信頼性、拡張性の変更についても制限されています。ITサービス提供者側でアプリケーション実行環境の設定変更といった管理が必要な場合は、サーバーレスなアプリケーション実行環境の利用は不向きです。

●サーバーレスなアプリケーション実行環境

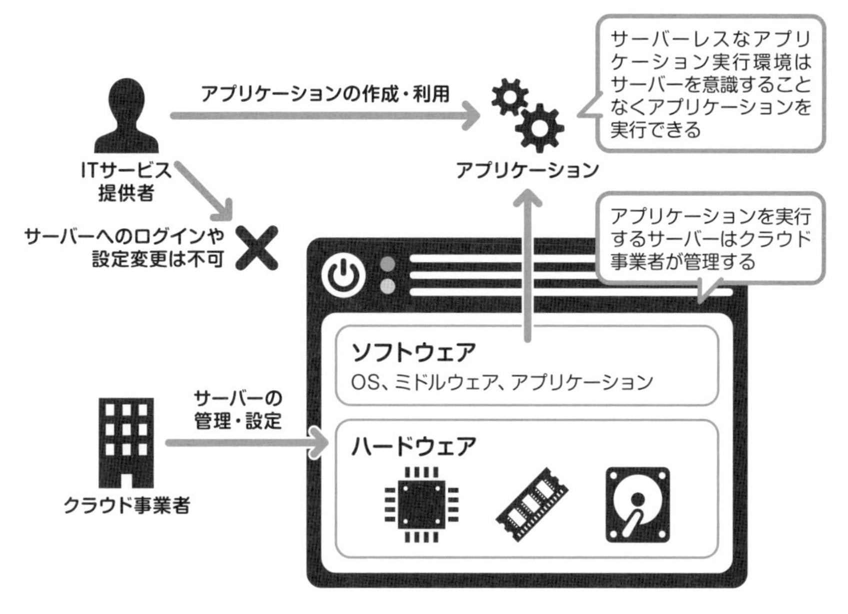
アプリケーションの作成・利用
サーバーレスなアプリケーション実行環境はサーバーを意識することなくアプリケーションを実行できる
ITサービス提供者
アプリケーション
サーバーへのログインや設定変更は不可
アプリケーションを実行するサーバーはクラウド事業者が管理する
ソフトウェア
OS、ミドルウェア、アプリケーション
サーバーの管理・設定
ハードウェア
クラウド事業者

また、サーバーレスなアプリケーション実行環境は、課金のされかたに特徴があり、アプリケーションの実行のリクエスト回数や、その際に使用したCPUやメモリの量に対して課金されることが一般的です。一方で、EC2のようにITサービス提供者側で仮想サーバーの管理が必要なものは、仮想サーバーの起動している時間に対し、課金されます。

サーバーレスなアプリケーション実行環境は、ソースコードを登録するだけで即座に実行可能となるため、大変便利です。しかし、大量にアプリケーションを実行するITサービスを構築する場合は、EC2を利用したほうが料金が安くなることもあります。事前に課金体系を確認の上、最適なアプリケーション実行環境を選択するようにしましょう。

サーバーレス環境と仮想サーバーの比較

サーバーレスなアプリケーション実行環境（以降、サーバーレス環境）と仮想サーバーを比較します。先ほども説明した通り、サーバーレス環境は、AWS社のようなクラウド事業者がアプリケーション実行環境を管理してくれます。サーバーレス環境を利用することで、煩雑なサーバーの管理から解放され、アプリケーション開発に割く時間を増やせます。また、サーバーレス環境はクラウド事業者によってアプリケーションの実行環境が管理されるため、環境の設定や設計の変更ができないなど、柔軟性が低いという側面もあります。

一方で、仮想サーバーの場合は、ITサービス提供者側でサーバーの管理をする必要がありますが、アプリケーションの動作のためのカスタマイズなどが自由に行えます。サーバーレス環境は、サーバーのカスタマイズができないなど柔軟性こそ低いですが、運用や管理から解放されるなどメリットも大きいことが特徴です。そのため、ITサービスを構築する際は、積極的にサーバーレス環境にすることができるか検討してみましょう。

●サーバーレス環境と仮想サーバーの比較

	サーバーレス環境	仮想サーバー
メリット	サーバーの作成や管理をする必要がなく、簡単にアプリケーションが実行できる	サーバーの設定を細かく変更できる
デメリット	サーバーの設定を変更できない	サーバーの作成や管理をしなければいけない

AWSでサーバーレスにプログラムを実行する

AWSで、サーバーレスにプログラムを実行するには**AWS Lambda**（以降、Lambda）を利用します。LambdaはJava、Python、Go、Rubyなど主要なプログラミング言語のコード実行をサポートしています。

EC2でプログラムを実行するためには、はじめにEC2を作成し、次にミドルウェアやプログラミング言語のインストール、アプリケーション実行に向けた設定などをした後、作成したプログラムを配置するという工程を経る必要があります。一方でLambdaの場合は、AWSがアプリケーション実行環境を用意し、設定や管理もしてくれるため、ソースコードを登録するだけですぐにプログラムを実行できます。

またLambdaは、ITサービス提供者がサーバーなどを管理する必要のないマネージドサービスであるため、要求されるプログラムの実行数に応じ、AWSが自動的にアプリケーション実行環境をスケーリングします。そのため、アプリケーション実行環境のCPUやメモリが不足したり、AWS側の責任でプログラムの実行ができなくなったりということは、滅多にありません。

●Lambdaについて

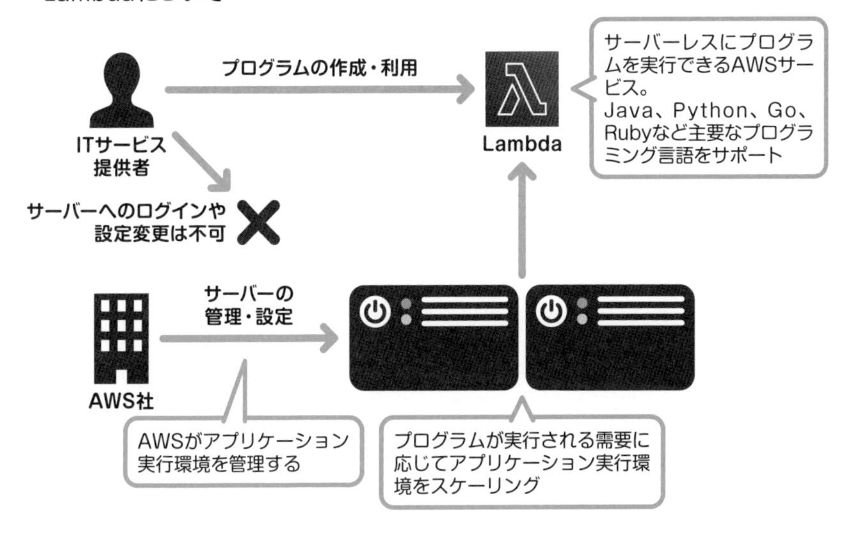
プログラムの作成・利用
Lambda
サーバーレスにプログラムを実行できるAWSサービス。
Java、Python、Go、Rubyなど主要なプログラミング言語をサポート
ITサービス提供者
サーバーへのログインや設定変更は不可
サーバーの管理・設定
AWS社
AWSがアプリケーション実行環境を管理する
プログラムが実行される需要に応じてアプリケーション実行環境をスケーリング

用語

AWS Lambda

サーバーレスにプログラムを実行できるAWSサービスです。Java、Python、Go、Rubyなど主要なプログラミング言語で記述されたソースコードを登録するだけで、すぐにプログラムを実行することができます。

注意

Lambdaは、AWS側の責任でプログラムが実行できなくなることは滅多にありませんが、ITサービス提供者側の責任で実行できなくなるケースはあるため、注意しましょう。例えば、Lambdaにはプログラムの同時実行数に上限が設けられており、この上限はデフォルトで1,000までです。AWSに同時実行数の上限の引き上げを申請することはできますが、必ずしも受理されるとは限りません。Lambdaを利用していて、同時実行数が1,000を超過しそうな場合は、AWSに同時実行数の引き上げを申請するか、プログラムの実行数や時間を減らすために設計を見直したり、ソースコードの無駄な部分を削除したりするなど、プログラムの最適化を行う必要があります。

また、Lambdaを利用する際によく利用される**Amazon API Gateway**もあわせて覚えておきましょう。Amazon API Gatewayは、**API**という仕組みを利用し、アプリケーションを公開する際に利用するAWSサービスです。Amazon API Gatewayを利用すると、Lambdaに登録したプログラムをAPIを利用して実行可能です。ITサービスを利用するユーザーに、Webブラウザやスマートフォンアプリなどを通して、手軽にプログラムを実行させたい場合は、Amazon API Gatewayを利用しましょう。

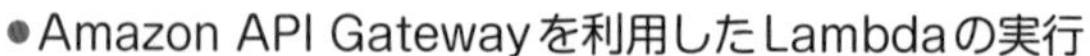
●Amazon API Gatewayを利用したLambdaの実行

API

Application Programming Interfaceの略で、外部からアプリケーションを利用するための窓口のようなものです。他のアプリケーションやユーザーは、APIを通じてアプリケーションを利用することができます。

Amazon API Gateway

作成したアプリケーションをAPIで公開できるAWSサービスです。Amazon API GatewayにLambdaを組み合わせることで、APIを利用してプログラムを実行できます。

試験にトライ!

Q 次のうち、EC2の可用性を向上できるAWSサービスはどれですか（1つ選択）。

A.　AMI
B.　インスタンスタイプ
C.　Auto Scaling
D.　オンデマンドインスタンス

A EC2の可用性を向上させられるAWSサービスは、Auto Scalingです。AMIは、EC2を作成するためのテンプレートです。インスタンスタイプは、EC2に設定可能なCPUとメモリの組み合わせです。オンデマンドインスタンスは、EC2のデフォルトの支払い方法です。

正解　**C**

3日目のおさらい

問 題

Q1

次のうち、EC2に設定可能なCPUとメモリの組み合わせにあたるものを1つ選択してください。

A. インスタンスタイプ
B. オンデマンドインスタンス
C. リザーブドインスタンス
D. スポットインスタンス

Q2

次のうち、ITサービス提供者があらかじめEC2の状態をテンプレートとして保存し、再利用できるAMIを1つ選択してください。

A. クイックスタートAMI
B. カスタムAMI
C. AWS Marketplace AMI
D. コミュニティAMI

Q3

次のうち、Amazon EC2 Auto Scalingを利用することで向上が期待できるRASISの指標を2つ選択してください。

A. 信頼性
B. 可用性
C. 保守性
D. 完全性
E. 安全性

Q4

次のうち、ITサービス提供者がコンテナオーケストレーションをインストールしなくても、すぐにコンテナ環境が利用できるAWSサービスを2つ選択してください。

A. EC2
B. ECS
C. ECR
D. EKS

Q5

次のうち、アプリケーション実行環境の準備が不要なAWSサービスを1つ選択してください。

A. EC2
B. ECS
C. EKS
D. Lambda

解答

A1 A

EC2に設定可能なCPUとメモリの組み合わせはインスタンスタイプです。オンデマンドインスタンス、リザーブドインスタンス、スポットインスタンスは、EC2の支払い方法です。

→ P.115

A2 B

ITサービス提供者が事前にEC2の状態をテンプレートとして保存するAMIは、カスタムAMIです。クイックスタートAMIは、AWSが用意する、すぐにEC2を利用可能なAMIです。AWS Marketplace AMIは、AWS Marketplaceによって提供されるテンプレートを利用できるAMIです。コミュニティAMIは、カスタムAMIのうち、AWSを利用する他のITサービス提供者に向けて公開されているAMIです。

→ P.116

A3 A、B

Amazon EC2 Auto Scalingを利用すると、EC2の信頼性と可用性を向上させられます。ただし、EC2をスケールアウトすると、その分のEC2のコストが発生するため、コストと信頼性や可用性のバランスを考えながら、Auto Scalingを利用するようにしましょう。

➡ P.119

A4 B、D

すぐにコンテナ環境が利用できるAWSサービスは、ECSとEKSです。EC2は、ECS、EKSと組み合わせることでコンテナ環境を利用できますが、EC2だけでは、すぐにコンテナ環境は利用できません。ECRは、コンテナイメージを保存するためのリポジトリを提供するマネージドサービスです。

➡ P.125

A5 D

アプリケーション実行環境の準備が不要なAWSサービスは、Lambdaです。Lambdaは、サーバーレスにプログラムを実行できます。ECS、EKSは、コンテナ環境を提供するAWSサービスです。EC2は、仮想サーバーを提供するAWSサービスです。

➡ P.130

4日目

AWSにデータベースを作る

1 データベースの基礎知識

2 AWSにデータベースを作る方法

4日目で学ぶこと

- データベースの基礎知識
- リレーショナルデータベースの作り方
- キーバリューストア型データベースの作り方
- インメモリ型データベースの作り方
- データウェアハウスの作り方

4日目は、Amazon RDSというデータベースサービスを用いて、AWSにデータベースを作る方法を学習します。また、その他のデータベースサービスの特徴についても学んでいきます。

●4日目の学習内容

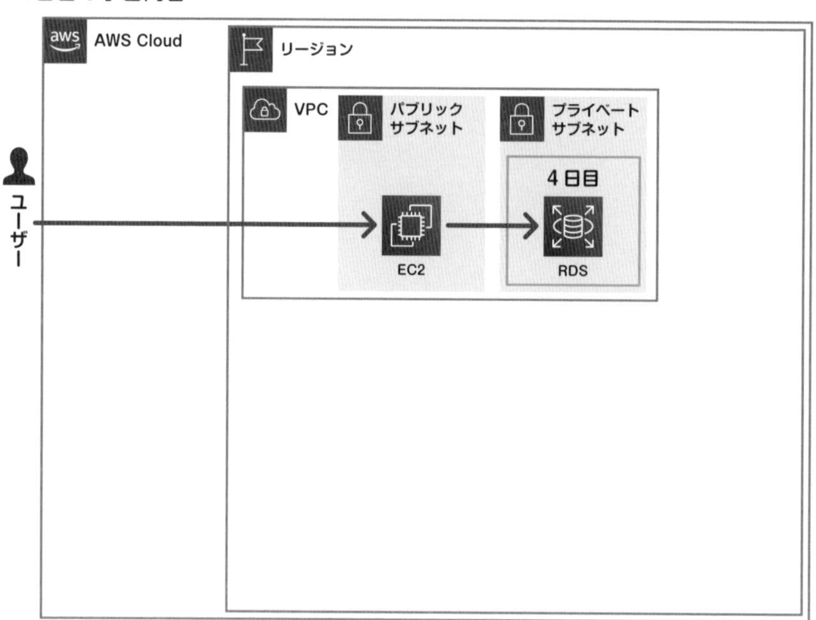

データベースの基礎知識

- データベースの基礎
- リレーショナルデータベース
- データベースエンジン

1-1 データベースの役割

POINT!

・データベースを用いて、データの蓄積と活用ができる
・リレーショナルデータベースは、SQLを用いて複雑なデータ抽出ができる
・リレーショナルデータベースは、データの整合性の保持を得意とする

ITサービスに欠かせないデータベース

データベースは、名前の通り、データを蓄える基地（ベース）を指します。もしかしたら、普段の生活の中でもデータベースという単語を耳にする機会もあるかもしれません。例えば、電話帳や時刻表、図鑑、辞書などは、現実の世界におけるデータベースです。

ITの世界において、データベースがどのようなデータを蓄えるかは、システムによってさまざまです。例えば、Amazon.comや楽天市場のようにWeb上で商品を販売するECサイトのシステムであれば、ユーザーのIDや氏名、住所といったユーザー情報や、商品名や価格、在庫数といった商品情報、また商品が購入された日付や購入数といった購入履歴情報などを蓄えています。

データベースに格納するデータは、ITサービスを提供する上で非常に重要なものです。仮にECサイトにおいて、商品情報がなければ、商品のラインアップや在庫数を把握できず、とてもではありませんがECサイトとして正常に稼働できません。このようにデータベースは、ITサービスを提供する上で非常に重要な「データ」を蓄えています。

●データベースにデータを蓄える

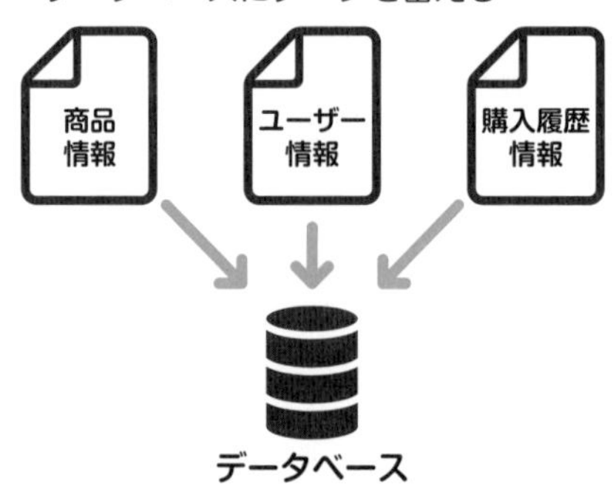

　また、データベースでは、データを蓄えるだけでなく蓄えたデータの検索や分析も可能です。例えば、あるユーザーのIDを検索条件にして氏名や住所を検索したり、ある年齢層に対して最も売上のよい商品を分析したりできます。

●データベースのデータを活用する

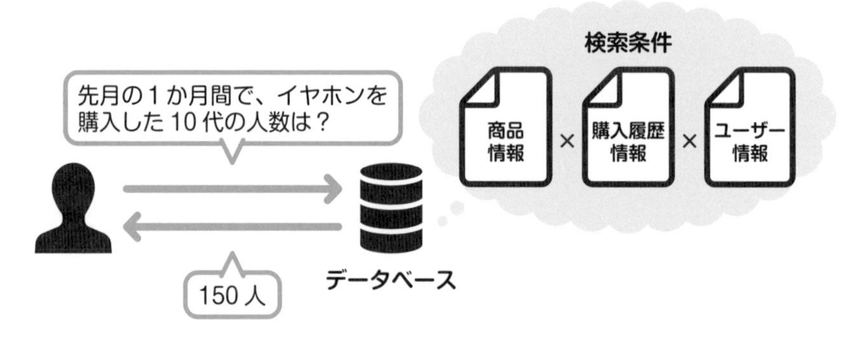

　このようにデータベースは、データを蓄積する役割と、蓄積したデータを検索・分析する役割の両方を担っているのです。

リレーショナルデータベースとは

データベースにはいくつか分類がありますが、その中で最も利用されているのが、**リレーショナルデータベース**です。そのため、本書を通して構築するシステムにおいても、リレーショナルデータベースを採用します。

リレーショナルデータベースは、Microsoft Excelなどの表計算ソフトが扱うような二次元の表でデータを管理します。この二次元の表を**テーブル**といいます。先ほどの例でいうと、ユーザーの個人情報や商品の在庫情報といったデータは、それぞれユーザー情報テーブルや商品情報テーブルなどの名前を付けたテーブルに格納します。

●リレーショナルデータベースのテーブル

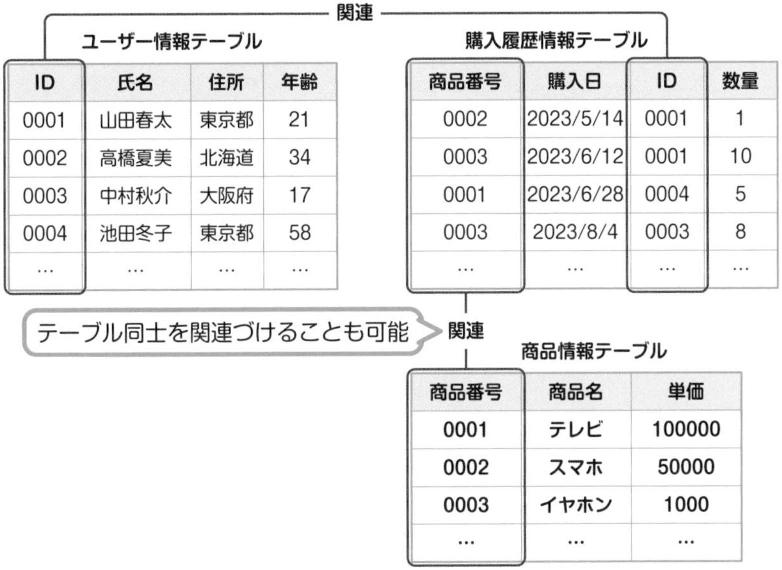
関連
ユーザー情報テーブル
ID 氏名 住所 年齢
0001 山田春太 東京都 21
0002 高橋夏美 北海道 34
0003 中村秋介 大阪府 17
0004 池田冬子 東京都 58
… … … …
購入履歴情報テーブル
商品番号 購入日 ID 数量
0002 2023/5/14 0001 1
0003 2023/6/12 0001 10
0001 2023/6/28 0004 5
0003 2023/8/4 0003 8
… … … …
テーブル同士を関連づけることも可能
関連
商品情報テーブル
商品番号 商品名 単価
0001 テレビ 100000
0002 スマホ 50000
0003 イヤホン 1000
… … …

SQLでデータベースを操作する

リレーショナルデータベースは、その名前にもある通り、テーブル同士を関連づけ（リレーショナル）して扱います。そのため、複数のテーブルにまたがるような、複雑な条件でデータ抽出を行えます。

データの抽出には、SQL（Structured Query Language）というデータベース専用の言語を用います。なお、SQLはデータの抽出だけでなく、データの修正や削除なども可能です。SQLでデータベースを操作できることは、リレーショナルデータベースの特徴の1つといえます。

●SQLによるデータベースの操作

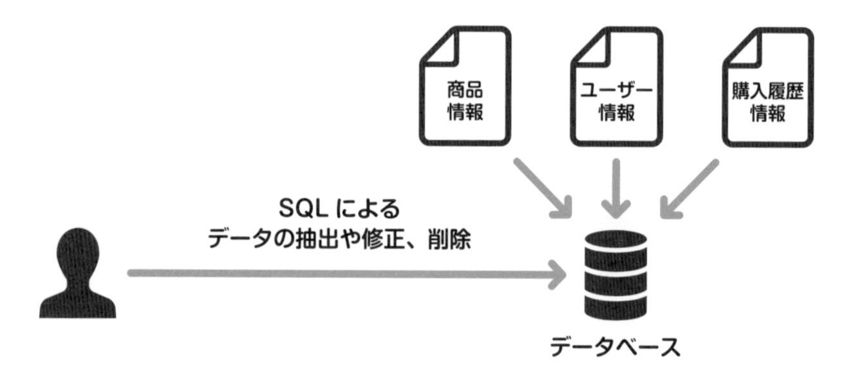

SQLでデータを抽出したい場合は、SELECT文という構文を利用します。例えば、ユーザー情報テーブルから東京都に住むユーザーを抽出したい場合は、以下のようなSELECT文を用いてデータベースへ命令します。

●東京都に住むユーザーを抽出するSELECT文

```
SELECT * FROM ユーザー情報テーブル
WHERE 住所="東京都";
```

●SELECT文の実行イメージ

ユーザー情報テーブル

ID	氏名	住所	年齢
0001	山田春太	東京都	21
0002	高橋夏美	北海道	34
0003	中村秋介	大阪府	17
0004	池田冬子	東京都	58
…	…	…	…

SELECT * FROM ユーザー情報テーブル WHERE 住所="東京都";

ID	氏名	住所	年齢
0001	山田春太	東京都	21
0004	池田冬子	東京都	58
…	…	…	…

SELECT文以外にも、データを更新するUPDATE文や、データを削除するDELETE文などがあります。AWSを学習する上で必須の知識ではありませんが、今後アプリケーション開発やデータ分析などを行う方は、少しずつSQLの学習を進めておきましょう。

データの整合性を保持する

一連の処理の中で複数のデータを更新する場合に、途中で障害が発生してしまうと、更新されたデータと更新されていないデータが混在し、データに不整合が生じることがあります。

例えば、銀行口座からの送金という一連の処理においては、送金元の口座残高と、送金先の口座残高の両方を更新する必要があります。もし、送金元の口座残高がマイナスされた直後にデータベースに障害が発生した場合、送金先の口座残高がプラスされないと、口座の残高に矛盾が生じてしまいます。

リレーショナルデータベースでは、このような場合にデータの整合性が保持される仕組みを備えています。一連の処理が成功した場合は変更を反映しますが、途中で失敗した場合には、処理全体をキャンセルしてはじめの状態へ巻き戻しを行います。例えば、送金という一連の処理の途中で障害が発生した場合は、一切の口座残高の変更がデータベースに反映されず、送金が開始される前の状態に巻き戻されるため、口座残高に不整合が生じません。

●データの整合性が保持される例

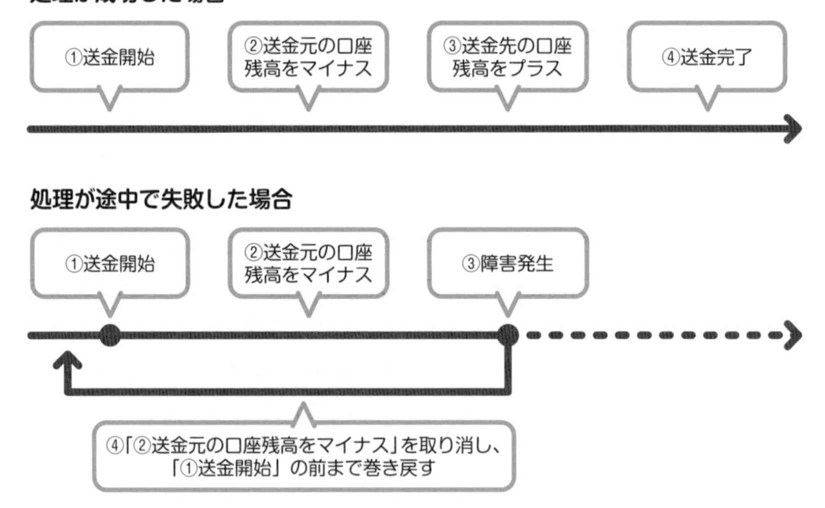

データベースエンジンによる差異

よく使われるリレーショナルデータベースの製品には、Oracle社が提供するOracle Databaseや、Microsoft社が提供するMicrosoft SQL Server、オープンソースソフトウェアとして無償で公開されているMySQLやPostgreSQLなどがあります。

●よく使われるリレーショナルデータベース製品

提供する企業	製品名
Oracle	Oracle Database
Microsoft	Microsoft SQL Server
IBM	IBM Db2
オープンソースソフトウェア	MySQL
	PostgreSQL
	MariaDB

どの製品も、SQLを用いたデータベースの操作や、データの整合性の保持が可能なリレーショナルデータベースですが、処理の中核を担う**データベースエンジン**という部分が異なります。データベースエンジンごとに特性が異なるため、リレーショナルデータベースを利用する際は、どのデータベースエンジンを利用するのかについての検討が必要です。

例えば、Oracle Databaseは大量のデータの扱いが得意なため、大規模なシステムでの利用に向いています。一方で利用料金が高いことも特徴の1つです。PostgreSQLもOracle Database同様に大量のデータの扱いが得意ですが、オープンソースソフトウェアであるためOracle社などのベンダーが提供するような開発元による公式サポートを受けられない、世の中に出回っている情報がOracle Databaseと比較して少ないという側面があります。

リレーショナルデータベースを用いる場合は、構築するシステムの特性や要件に合わせて、適切なデータベースエンジンを選択する必要があります。

サーバーにデータベースを構築する

Webサーバーと同じく、データベースもサーバーの上で稼働します。Webサーバーを構築する際にWebサーバー用のミドルウェアをサーバーにインストールしたように、データベースを構築する際はデータベース用のミドルウェアをサーバーにインストールします。なお、データベースサーバーはWebサーバーと比較して、大量のデータを蓄積しなければならないため、多くの場合は大容量のストレージが必要です。

またデータベースには、ユーザーの個人情報のように、不特定多数に開示してはいけないデータを格納することもあります。その場合は、インターネット経由で外部のユーザーがデータベースサーバーにアクセスできないように通信制御を行う必要があります。

2 AWSにデータベースを作る方法

- リレーショナルデータベースを作る
- キーバリューストア型データベースを作る
- インメモリ型データベースを作る
- データウェアハウスを作る

2-1 リレーショナルデータベースを作る

POINT!

・RDSはマネージドなリレーショナルデータベースを提供する
・RDSはマルチAZ配置により可用性を向上できる

Amazon RDSとは

Amazon RDS（以降、RDS）は、リレーショナルデータベースを提供するAWSサービスです。ハードウェアやOSだけでなく、データベース用のミドルウェアまで含めてAWSが提供する**マネージドサービス**のため、ITサービス提供者はデータベースを安全に運用するためのメンテナンス作業から解放されます。またEC2同様に、実際に利用した時間や容量に応じて課金される**従量課金制**のため、余分なインフラ費用を抑えられます。

Amazon RDS（Amazon Relational Database Service）
リレーショナルデータベースを提供するマネージドサービスです。可用性および拡張性に優れています。

RDSを利用する上で、どこまでがAWS側の責任範囲でどこからがITサービス提供者側の責任範囲かについては、各XaaSの定義とあわせてしっかりと押さえておきましょう。なお、RDSはPaaSに分類されます。

手軽な拡張性

RDSでは、データベースの作成後であっても、EC2と同じようにマネジメントコンソールから手軽にインスタンスをスケールアップできます。なおインスタンスとは、AWSサービスにより作成されるサーバーを指します。RDSの場合であれば、インスタンスはデータベースサーバーのことを意味します。

ただし、スケールアップにともなって、数分程度の**ダウンタイム**が発生することに注意が必要です。ダウンタイムとは、サーバーが利用できない時間を指します。ECサイトのように、絶えずデータベースにアクセスする必要のあるシステムの場合は、夜間などのアクセスが少ない時間帯にスケールアップを行ったり、後述するマルチAZ配置を利用したりして、エンドユーザーへのダウンタイムの影響を抑える工夫が必要です。

一方で、ストレージはインスタンスと異なり、ダウンタイムなしでスケールアップできます。さらに、事前に自動スケールアップ機能を有効化しておくとストレージの容量が不足したタイミングに自動でスケールアップされます。

●インスタンスとストレージのスケールアップ

スケールアップ対象	スケールアップにともなうダウンタイム
インスタンス（CPU、メモリ）	あり
ストレージ	なし

マルチAZ配置による可用性の向上

通常時に稼働させるアクティブなRDSインスタンスとは別に、スタンバイ状態のRDSインスタンスを別のAZに配置すると、高い可用性を確保できます。このように、複数のAZにRDSインスタンスを配置することを、RDSの**マルチAZ配置**といいます。

●RDSのマルチAZ配置

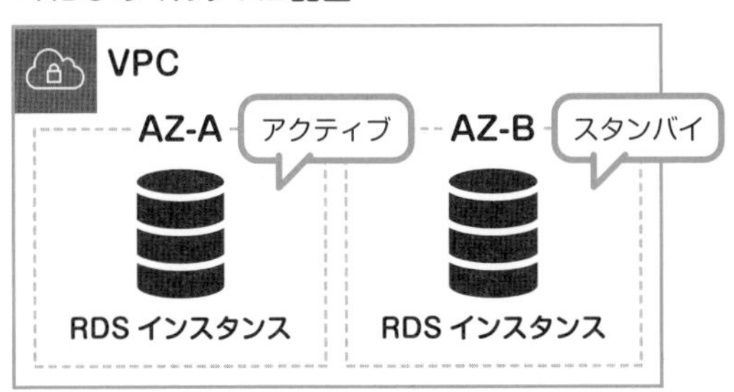

マルチAZ配置の場合、アクティブなRDSインスタンスがダウンしたときに、スタンバイ状態のRDSインスタンスをアクティブ状態に切り替える、**フェイルオーバー**という動作が自動で行われます。万が一RDSインスタンスがダウンした場合に、0から新しくRDSインスタンスを用意する必要がないため、ダウンタイムを短縮できます。

●フェイルオーバー

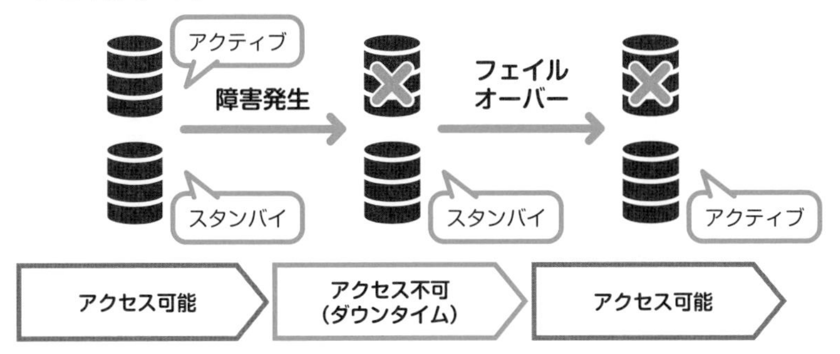

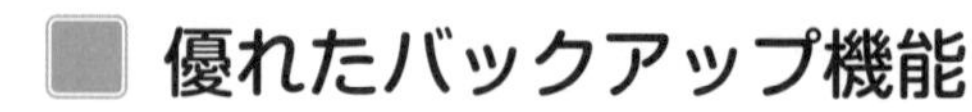

優れたバックアップ機能

RDSはバックアップを自動で取得します。バックアップは日次で取得され、最大で35日分まで保持できます。また自動バックアップとは別に、任意のタイミングで手動のバックアップ取得も可能です。手動バックアップは自動バックアップとは異なり、ITサービス提供者が削除するまで無期限に保持できます。

なおこれらのバックアップは、S3という非常に高い耐久性を誇るAWSのストレージサービスに格納されるため、バックアップをシステムのどの部分で管理すればよいのか、ITサービス提供者側で検討する必要はありません。

●バックアップの種類

バックアップ種別	取得タイミング	最大保持期間
自動バックアップ	日次	35日
手動バックアップ	任意のタイミング	無期限

さらに、RDSは**ポイントインタイムリカバリ**という機能を備えています。ポイントインタイムリカバリは、ITサービス提供者がデータベースを任意の時点に戻せる機能です。例えばITサービス提供者が誤ってデータを書き換えてしまったとしても、ポイントインタイムリカバリを利用すると、書き換え前の状態にデータを戻せます。

RDSの主要な設定項目

それでは、実際にRDSでデータベースを作成するための、主要な設定項目を確認していきましょう。

大部分の設定項目を、AWSの推奨パラメータに設定できる「簡単に作成」というデータベース作成方法も選択できます。お試しでRDSを利用したい場合などに活用しましょう。

●RDSのデータベース作成方法

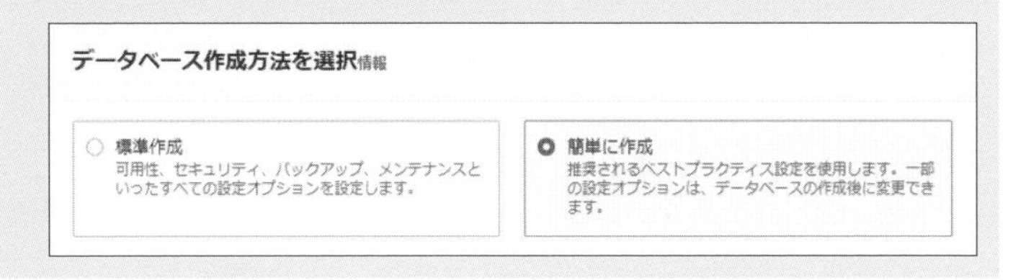

● データベースエンジン

まずは、データベースエンジンを選択します。RDSでは以下6種類のデータベースエンジンが用意されています。

- Amazon Aurora
- MySQL
- MariaDB
- PostgreSQL
- Oracle
- Microsoft SQL Server

●データベースエンジンの選択

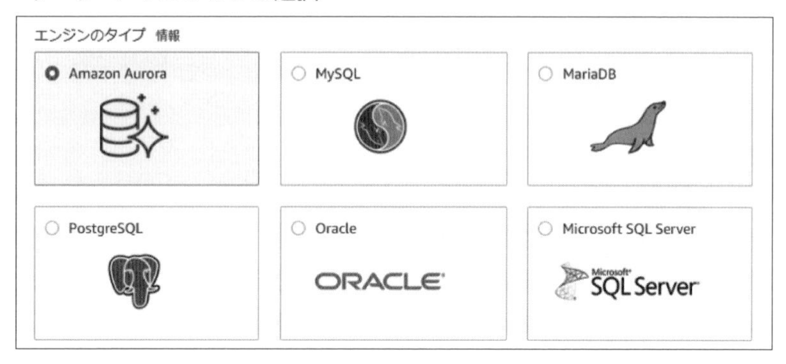

オンプレミスのリレーショナルデータベースでよく利用されるデータベースエンジンはおおむねそろっており、RDSでリレーショナルデータベースを作成する場合であっても、オンプレミス同様にシステムの特性や要件に合わせて選択できます。

この中で、**Amazon Aurora**（以降、Aurora）はAWSが設計した、RDS専用のデータベースエンジンです。MySQLおよびPostgreSQLと互換性があり、可用性やフェイルオーバーの速度などに優れています。なお、Auroraは、利用方法にもよるため一概にはいえませんが、RDSが提供する他のデータベースエンジンと比較すると利用料金は高くなる傾向にあります。

用語

Amazon Aurora
RDSが提供するデータベースエンジンの1つで、MySQLおよびPostgreSQLと互換性があります。
パフォーマンスの高いリレーショナルデータベースを提供します。

● マルチAZ配置

RDSインスタンスをマルチAZに配置するかを設定します。マルチAZに配置する場合、アクティブ状態のインスタンスに加えてスタンバイ状態のインスタンスを配置するため、その分のインスタンスの利用料金が発生します。

一般公開するITサービスであれば、障害が発生した場合に備えて、原則としてマルチAZ配置を採用し可用性を向上させましょう。

● 認証情報

認証情報として、データベースに接続するユーザーのユーザー名とパスワードを設定します。ここでいう認証情報とは、ユーザーに割り当てるユーザー名とパスワードではなく、システム内のアプリケーションなどからRDSインスタンスへ接続する際に利用する認証情報を指します。

パスワードは後から確認ができないため、必ず控えておくようにしてください。もしパスワードがわからなくなった場合、パスワードを上書きして変更する必要があります。

● インスタンスタイプ

インスタンスの性能を決める**インスタンスタイプ**を設定します。高い性能を持つインスタンスタイプは利用時間あたりの料金が高くなるため、システムの要件に合わせて最適なインスタンスタイプを選択しましょう。なお、ダウンタイムをともなってしまいますが、利用開始後のインスタンスタイプの変更も可能です。

●インスタンスタイプの種類

インスタンスタイプ	特徴
標準クラス	CPUやメモリをバランスよく提供する。特別な要件がない場合は標準クラスを選択する
メモリ最適化クラス	性能の高いメモリを備えたインスタンスを提供する。高い性能が求められるシステムの場合に選択する
バースト可能クラス	CPU使用率が決められたベースラインを超過した場合に、ベースライン以上のパフォーマンスを発揮するインスタンスを提供する。通常時は高い性能を必要としないが、アクセスの急増などで一時的に高い性能が求められるシステムの場合に選択する

●ストレージタイプ

ストレージの性能を決める**ストレージタイプ**を設定します。インスタンスタイプ同様に、性能の高いストレージタイプは利用料金も高くなるため、要件に合わせて最適なストレージタイプを選択するようにしましょう。

●ストレージタイプの種類

ストレージタイプ	特徴
汎用SSD	コストパフォーマンスに優れる。特別な要件がない場合は汎用SSDを選択する
プロビジョンドIOPS	ストレージへの高い読み込みおよび書き込み性能を提供する。高い性能が求められるシステムの場合に選択する
マグネティック	過去に提供されていた磁気ストレージであり、現在は利用が推奨されていない

注意

「マグネティック」は現在は利用が推奨されていないため、新規にRDSインスタンスを作成する場合は、基本的に「汎用SSD」か「プロビジョンドIOPS」のどちらかを選択してください。

● ストレージ容量

ストレージ容量を設定します。設定したストレージ容量が不足した場合に備えて、自動スケーリングという、事前に定めた上限値までストレージを自動拡張する設定の有効化も可能です。なお自動スケーリングは、拡張分のストレージを事前に確保するわけではありません。上限値を設定するだけでは利用料金は発生せず、実際にストレージが拡張された分に対して利用料金が発生します。

●ストレージの自動スケーリング設定

ストレージの自動スケーリング 情報
アプリケーションのニーズに基づいて、データベースのストレージに対する動的なスケーリングのサポートを提供します。

☑ ストレージの自動スケーリングを有効にする
この機能を有効にすると、指定したしきい値を超えた場合にストレージを増やすことができます。

最大ストレージしきい値 情報
データベースが指定されたしきい値に自動スケールされると、料金が適用されます。

1000 GiB

最小: 110 GiB。最大: 65,536 GiB

● ネットワーク

ネットワーク周辺の項目について設定します。RDSインスタンスを配置するVPCや、適用するセキュリティグループなどを設定します。

インターネット経由で外部のユーザーからRDSへアクセスをさせないためには、RDSをプライベートサブネットに配置し、セキュリティグループやネットワークACLによる通信制御を行います。

2-2 キーバリューストア型データベースを作る

POINT!

- DynamoDBはマネージドなキーバリューストア型データベースを提供する
- DynamoDBは自動スケーリングされるため、ITサービス提供者側でリソースを管理する必要がない

キーバリューストア型データベースとは

ここからは、リレーショナルデータベース以外のデータベースについて学習していきます。はじめに学習する**キーバリューストア型データベース**は、識別子を意味するキーと、格納するデータを意味するバリューの組み合わせで表現されるシンプルなデータベースです。

例えば、購入履歴情報の場合、以下のようにデータベースに情報を格納します。

●キーバリューストア型データベースの例

この場合、識別子として年月日を、格納するデータとして商品を組み合わせて、データベースに格納しています。リレーショナルデータベースと比較すると、非常にシンプルな構造であることがわかります。そのため、リレーショナルデータベースより高速に処理を行えます。

Amazon DynamoDBとは

Amazon DynamoDB（ダイナモ）（以降、DynamoDB）は、キーバリューストア型データベースを提供するAWSサービスです。

RDSと同様、DynamoDBもマネージドサービスであるため、ITサービス提供者はデータベースを安全に運用するためのメンテナンス作業から解放されます。またRDSとは異なり、AZをまたぐ冗長化もAWS側で実施してくれます。3つのAZにデータが自動で保存されるため、リージョン内において、ITサービス提供者側でデータを失わないための対策を施す必要はありません。

●3つのAZにデータが保存される

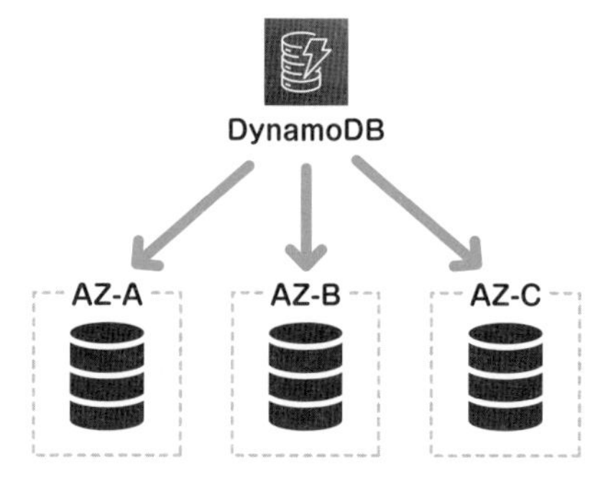

一方で、DynamoDBはSQLを用いたデータベースの操作が不可能であるため、RDSのように複雑な条件でのデータの検索などはできません。

Amazon DynamoDB
キーバリューストア型データベースを提供するマネージドサービスです。RDSよりも処理を高速に行えます。また利用者側でAZをまたぐ冗長化を行う必要がありません。

DynamoDBの特徴

DynamoDBには以下のような特徴があります。

● 高速な処理

前述の通り、リレーショナルデータベースと比較すると、キーバリューストア型データベースは非常にシンプルな構造です。DynamoDBは大量のデータを扱っても処理速度が高速で、ミリ秒単位の速度で処理を行えます。

● 自動スケーリング

DynamoDBは、RDSとは異なりインスタンスという概念がなく、サーバーレスで稼働します。処理量に応じたリソースの増減はAWS側が管理するため、RDSのようにITサービス提供者側で、インスタンスタイプなどの変更を行う必要はありません。予測できない急激な負荷が発生した場合であっても、AWSにより自動でDynamoDBのスケールアップが行われ、パフォーマンスが維持されます。

2-3 インメモリ型データベースを作る

POINT!

・ElastiCacheはマネージドなインメモリ型データベースを提供する
・ElastiCacheはインメモリキャッシュとして、データベースへの読み書きを高速化する

インメモリ型データベースとは

データベースへの読み込みや書き込みは、システム全体の中でも時間のかかる処理です。そのため、後続の処理がなかなか開始できず、システム全体の処理が遅くなってしまうことがあります。

●データベースへの読み込みや書き込みは時間がかかることが多い

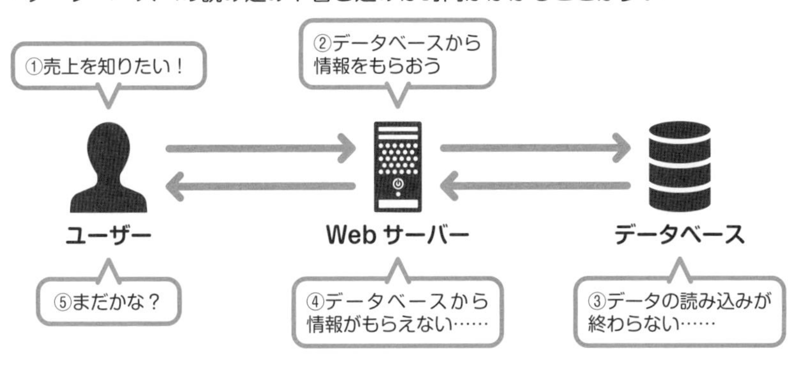

これを解決するための方法として、読み込みや書き込みのたびにストレージ上のデータへアクセスするのではなく、よくアクセスするデータをメモリ上にコピーしておき、ストレージへのアクセス頻度を低くする方法があります。これを**インメモリキャッシュ**といいます。**インメモリ型データベース**は、メモリにデータを格納するデータベースであり、このインメモリキャッシュを実現できるデータベースです。

●インメモリキャッシュ

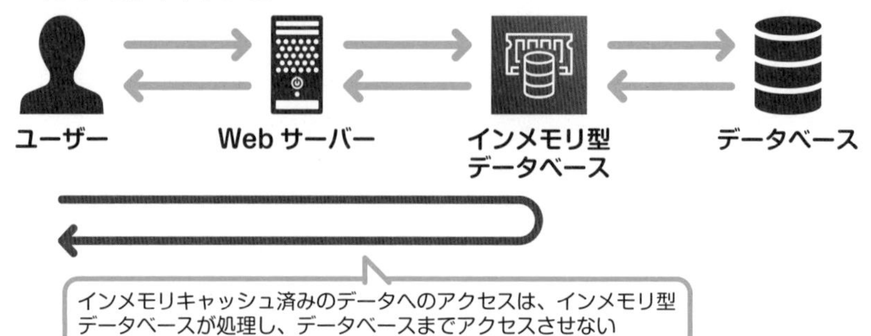
ユーザー
Webサーバー
インメモリ型データベース
データベース
インメモリキャッシュ済みのデータへのアクセスは、インメモリ型データベースが処理し、データベースまでアクセスさせない

はじめからメモリ上にデータベースを構築すればよいのではないか、と思った方もいるかもしれませんが、そうはいきません。
メモリはストレージに比べて非常に高価です。また、電源を落とすとデータが消失する揮発性という特性を持つため、すべてのデータをメモリ上で扱うことは現実的ではありません。

Amazon ElastiCacheとは

Amazon ElastiCache（以降、ElastiCache）は、インメモリ型データベースを提供するマネージドなAWSサービスです。

ElastiCacheは、特定のデータに対する読み込みや書き込みの速さが求められるケースなどにおいて、データベースへのアクセスを高速化するために利用します。

Amazon ElastiCache
インメモリ型データベースを提供するマネージドサービスです。
データベースへの読み書きを高速化できます。

2-4 データウェアハウスを作る

POINT!

- Redshiftはマネージドなデータウェアハウスを提供する
- Redshiftは大量のデータを扱った分析を得意とする

データウェアハウスとは

データウェアハウスは、リレーショナルデータベースから派生して誕生したデータベースです。RDSのような、一般的なリレーショナルデータベースが汎用的なデータを扱うことを得意とする一方で、データウェアハウスはデータ分析用の大量のデータを扱うことを得意とします。

現代においては、ITの進歩にともない大量のデータがITの世界でやりとりされるようになり、それらのデータを用いたデータ分析の需要が高まってきています。一般的なリレーショナルデータベースでもデータ分析は行えますが、現代のデータ分析に求められるほどの大量のデータを分析処理するとなると、性能面で限界を迎えてしまうようになりました。そこで、大量のデータの分析処理に特化したデータベースとして、データウェアハウスが誕生しました。

Amazon Redshiftとは

Amazon Redshift（以降、Redshift）は、データウェアハウスを提供するマネージドなAWSサービスです。

Redshiftは、膨大なユーザー履歴などから市場ニーズを把握するためのマーケティングや、システムやアプリケーションが出力する大量のログの分析などに利用されます。

用語

Amazon Redshift

データウェアハウスを提供するマネージドサービスです。
大量のデータを対象に、高速にデータ分析ができます。

参考

ここまでに学習したAWSが提供するデータベースサービスについて、データベースの種類と特徴を覚えておきましょう。

●データベースの種類

データベースの種類	主な特徴	対応するAWSサービス
リレーショナルデータベース	世界中で最も使われているデータベース。SQLによるデータベースの操作が可能であり、データの整合性を保持できる点も特徴	RDS
キーバリューストア型データベース	シンプルな構造のため、処理が高速なデータベース	DynamoDB
インメモリ型データベース	ストレージではなくメモリ上に展開するため、処理が高速なデータベース	ElastiCache
データウェアハウス	大量のデータを扱うデータ分析が得意なデータベース	Redshift

試験にトライ!

Q ある小売業者はECサイトを開発するにあたり、データセンターで物理的な障害が発生してもECサイトに極力影響の出ない、可用性の高いアーキテクチャを採用したいと考えています。この要件に最も適した方法は、次のうちどれでしょうか。

A. マルチAZ配置
B. ポイントインタイムリカバリの実行
C. 自動バックアップの取得
D. インスタンスのスケールアップ

A 「マルチAZ配置」では、アクティブ状態とスタンバイ状態のRDSインスタンスが、それぞれ別のAZに用意されます。インスタンスを複数用意すると、フェイルオーバーが自動で行えるようになり、可用性を向上させられます。Bの「ポイントインタイムリカバリ」は、誤ってデータベースを書き換えてしまった場合に、データベースの状態を書き換え前に戻せる機能であり、可用性は向上しません。Cの「自動バックアップ」は、データベースのバックアップを日次で取得する機能であり、可用性は向上しません。Dの「インスタンスのスケールアップ」は、データベースの性能を向上させる方法であり、可用性は向上しません。

正解 **A**

4日目のおさらい

問　題

Q1

次のうち、データの整合性の保持が得意で、SQLで操作可能なデータベースの分類を1つ選択してください。

A. キーバリューストア型データベース
B. インメモリ型データベース
C. リレーショナルデータベース

Q2

次のうち、RDSで利用できるデータベースエンジンではないものを1つ選択してください。

A. Microsoft SQL Server
B. MySQL
C. Amazon DynamoDB
D. Amazon Aurora
E. PostgreSQL

Q3

次のうち、DynamoDBの特徴をすべて選択してください。

A. 可用性を向上させるためには、マルチAZ配置を採用する必要がある
B. 処理量に応じて、自動でスケーリングする
C. 大量のデータを扱っても処理が高速で、ミリ秒単位で処理を行える
D. SQLを用いて、大量のデータを高速に分析できる

次のうち、インメモリ型データベースを提供するAWSサービスを1つ選択してください。

A. Amazon Redshift
B. Amazon RDS
C. Amazon EC2
D. Amazon ElastiCache

Q5

次のうち、大量のデータを用いた売上分析に適したデータベースを提供するAWSサービスを1つ選択してください。

A. Amazon RDS
B. Amazon DynamoDB
C. Amazon Redshift
D. Amazon VPC

解答

A1 C

リレーショナルデータベースは、データの整合性の保持が得意で、かつSQLを用いて複雑な条件でデータベースを操作できるデータベースです。Aの「キーバリューストア型データベース」はシンプルな構造であり、大量のデータの高速処理が得意なデータベースですが、SQLによるデータベースの操作はできません。Bの「インメモリ型データベース」はインメモリキャッシュを実現できるデータベースです。

➡ P.143、P.144、P.146

A2 C

RDSでは、一般的なデータベースエンジンはおおむね利用できます。Cの「Amazon DynamoDB」は、データベースエンジンの種類ではなく、AWSが提供するキーバリューストア型データベースです。

➡ P.153

A3 B、C

DynamoDBは、ITサービス提供者がリソースを管理する必要がなく、処理量に応じてリソースが自動でスケーリングされます。AWS側でAZをまたぐ冗長化も管理するため、ITサービス提供者側で冗長構成を検討する必要はありません。また、処理が高速で、ミリ秒単位で処理を行えます。一方で、リレーショナルデータベースではなくNoSQLデータベースであるため、SQLを用いたデータ分析ができません。なお、AはRDSの特徴であり、DはRedshiftの特徴です。

➡ P.160

A4 D

ElastiCacheは、インメモリ型データベースを提供するマネージドなAWSサービスです。データベースのストレージへの読み書きを高速化するために、インメモリキャッシュを行い、アプリケーションからのアクセスを高速化します。Aの「Amazon Redshift」は、データウェアハウスを提供するAWSサービス、Bの「Amazon RDS」は、リレーショナルデータベースを提供するAWSサービス、Cの「Amazon EC2」は、仮想サーバーを提供するAWSサービスです。

➡ P.162

A5 C

大量のデータの分析処理に特化したデータベースである、データウェアハウスを提供するサービスは、Cの「Amazon Redshift」です。Redshiftはマネージドでスケーラブルなデータウェアハウスを提供します。AとBもデータベースを提供するサービスです。しかしAの「Amazon RDS」は、大量のデータを扱うデータ分析ではなく、汎用的なデータを扱うことが得意なため不適です。Bの「Amazon DynamoDB」は、キーバリューストア型データベースであり、シンプルな構造のデータベースを提供するためデータ分析には不適です。Dの「Amazon VPC」は、データベースではなく、ITサービス提供者専用のネットワークを提供するサービスです。

➡ P.163

5日目

AWSに画像や動画を保存する

5日目で学ぶこと

- ストレージの基礎知識
- AWSに画像や動画を保存する方法
- AWSのさまざまなストレージサービス

5日目では、画像や動画を保存する場所としてよく利用されるストレージについて学習します。ストレージの役割や種類、AWSの代表的なストレージサービス、データレイクなどの大容量のデータ保存に適したストレージ、3日目で学んだEC2と相性のよいストレージなどを学びます。

●5日目の学習内容

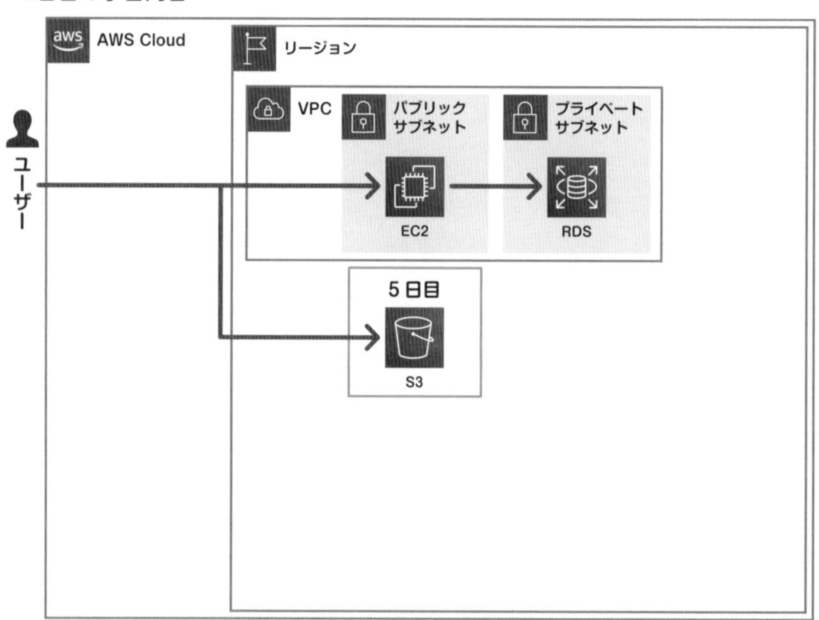

ストレージの基礎知識

- ストレージの基礎
- ストレージの種類
- Webアプリケーションにおけるストレージ

1-1 ストレージの活用

POINT!

・ファイルの保存や取り出しをする場所としてストレージを利用する
・ストレージを利用することで、Webサーバーの負荷を下げられる

ストレージってどんなもの？

ストレージとは、画像やテキストファイルなどを保存しておき、必要に応じて取り出して利用するための場所です。データベースが数字や文字などのデータそのものを保存する場所であるのに対し、ストレージは数字や文字などを記述したテキストファイルや、画像ファイル、動画ファイルなど、ファイルを保存する場所であるという違いがあります。

一般的にイメージしやすいストレージは、WindowsのパソコンにおけるCドライブでしょう。ユーザーは、Cドライブの中にあるドキュメントフォルダなどにファイルを保存できます。また、企業においては、社内でデータを共有するために構築する**ファイルサーバー**が挙げられます。Cドライブとファイルサーバーのどちらの場合でも、ユーザーはストレージ名とファイルの格納パス、ファイル名を組み合わせた文字列をWindowsのエクスプローラーに入力することで、目的のファイルを開けます。

●ストレージの種類

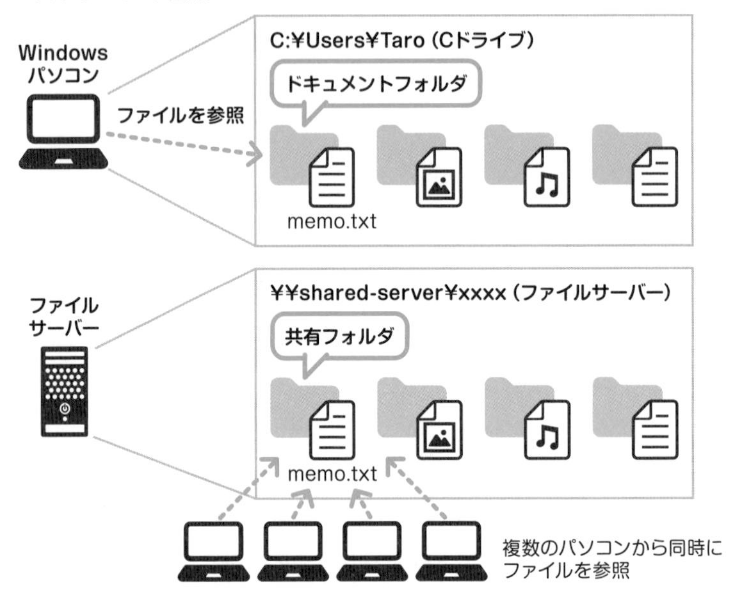

Webアプリケーションにおける役割分担

4日目までに作成したシステムの構成では、Webサーバー上にHTMLファイルやCSSファイルなどを保存します。小さいシステムであればこの構成で問題ないですが、大きなシステムになると、サーバーの容量やネットワーク帯域のひっ迫などといった**リソース不足**によって、不具合が発生します。

例えば、画像共有サイトや動画共有サイトを構築したケースを考えてみましょう。サイトの公開当初は、画像や動画にそこまで容量を使うことはありませんが、時間が経てば経つほどファイルが増え、サーバーの容量がひっ迫します。また、一般的なWebサイトでは、1つのWebページを開くと、HTMLファイルやCSSファイル、画像ファイルなど、数十ファイルへのアクセスがWebサーバーに対して発生します。Webサーバーは、これらのアクセスに対して、ユーザー情報などのユーザーによって内容が変わる**動的要素**だけでなく、HTMLファイルやCSSファイル、画像ファイルといった**静的要素**を返す処理も行う必要があります。これは、Webサーバーのcpuやメモリ、ディスク容量を必要以上に使用し、不具合を発生させるだけでなく、サーバーの維持費用が高くなる可能性もあります。

　ストレージを利用することで、この問題に対処できます。CSSファイルや画像ファイルなどの静的ファイル群をストレージサーバーに格納し、ユーザーがそれらのファイルをストレージサーバーから取得するように変更します。静的ファイルへのアクセスはWebサーバーではなくストレージサーバーに対して発生することになるので、Webサーバーは動的要素を表示する処理のみを行えばよくなり、WebサーバーのCPUやメモリ、ディスク容量のひっ迫といった問題が解決します。また、ストレージは格納されたファイルを返すだけでよいので、比較的安価に構築・運用できます。このように、動的要素はWebサーバー、静的要素はストレージサーバーと役割を分けることで、Webアプリケーション全体の費用対効果を高められます。

●Webアプリケーションにおけるストレージの役割

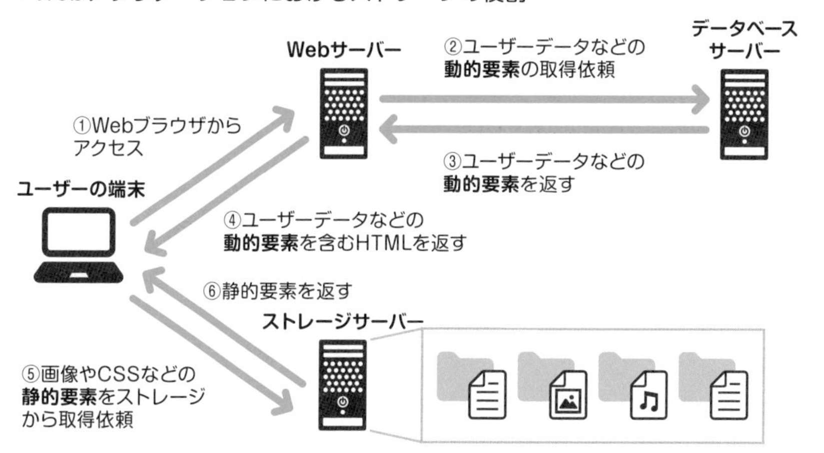

用語

静的要素と動的要素

Webブラウザなどでサイトを閲覧した際に、トップページの画像や、タイトルテキストなど、誰が見ても変わらない部分を静的要素と呼びます。反対に、ユーザー名やお気に入り一覧など、閲覧者によって内容が変わる部分を動的要素と呼びます。なお、静的要素のみで構成されるコンテンツを**静的コンテンツ**、動的要素を含むコンテンツを**動的コンテンツ**と呼びます。

用語

CSSとJavaScript

CSS(Cascading Style Sheets:カスケーディングスタイルシート)は、Webブラウザに表示するWebページの文字の色や大きさ、画像の位置などの見た目を変更するための言語です。一方、JavaScriptは、Webブラウザ上で動作するプログラミング言語で、例えばWebページ上にある「先頭に戻る」リンクをクリックするとWebページの先頭にスクロールする、といった処理を記述できます。一般的には、CSSファイルやJavaScriptファイルといった個別のファイルに内容を記述して、HTMLから外部定義ファイルとして読み込みます。

重要

4日目で学んだデータベースは、データを速く処理できるため、多くの場合、動的要素の保存場所として利用します。一方、この5日目で学ぶストレージは、大きなデータを低コストで処理できるため、主に静的要素を保存する場所として利用することが多いです。データベースとストレージの役割の違いを知っておくと、これから学ぶAWSのストレージサービスを理解しやすくなるので、押さえておきましょう。

2 AWSに画像や動画を保存する方法

- □ 画像や動画を保存する
- □ 大容量のデータを保存する
- □ データを安全に長期保存する
- □ その他のデータ保存方法を知る

2-1 画像や動画を保存する

POINT!

- ・高い耐久性と無制限の容量を持つストレージとして、S3を利用できる
- ・S3には多くのストレージ管理機能がある
- ・S3を簡易的なWebサーバーとして利用できる

Amazon Simple Storage Serviceとは

AWSのストレージサービスとして最も広く活用されているサービスが**Amazon Simple Storage Service**(以降、S3) です。S3はその名の通り、シンプルなキーベースのオブジェクトストレージであり、格納するファイルを意味するオブジェクト、ファイルの格納場所であるバケット、ファイルの識別子を意味するキーで構成されています。

● オブジェクト

テキストファイルや動画ファイルなど、S3に格納するファイルを「オブジェクト」と呼びます。

● バケット

オブジェクトを格納する場所を「バケット」と呼びます。バケット名はすべてのリージョン内で一意の名称にする必要があります。

● キー

バケット内のオブジェクトを指し示す文字列を「キー」と呼びます。キーはバケット内で一意の文字列にする必要があります。キー自体にスラッシュなどの区切り記号を使用すること（User/Taro/profile.jpg など）で、マネジメントコンソールからバケットを閲覧した際に、階層構造で表示されます。

ITサービス提供者はマネジメントコンソールなどからS3にオブジェクトを**アップロード**できます。アップロードされたオブジェクトは、自動的に3つ以上のAZに保存されるので、いずれかのAZに障害が発生した場合でも他のAZにオブジェクトが残っています。この仕組みが、S3の高い可用性と耐久性を実現しています。また、同じバケットにたくさんのオブジェクトをアップロードした場合でも、内部的には大量のストレージに分散してオブジェクトの格納を行うため、事実上無制限の容量を実現しています。これにより、ITサービス提供者はバックアップやディスク容量を気にすることなくS3を利用できます。

●S3の仕組み

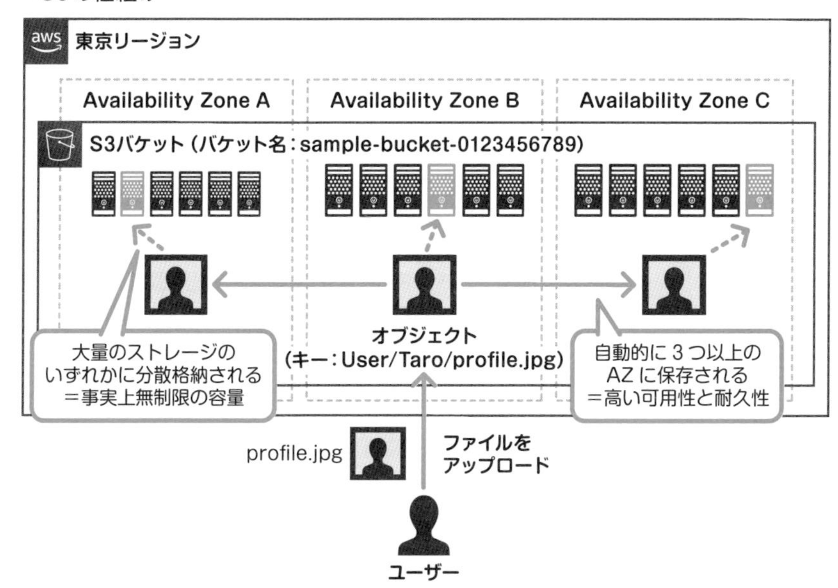

イレブンナイン

前述の通り、S3は3つ以上のAZにオブジェクトを保存するため、その耐久性は非常に高く、1年間にオブジェクトの99.999999999%を保持し続けるように設計されています。この耐久性は、あるバケットに1,000万個のオブジェクトが格納されている場合、その中の1つのオブジェクトが消失するのは、1万年に1度であるということを意味します。AWSは、この9が11個並ぶ耐久性を**イレブンナイン**と呼び、S3の代表的な特徴の1つとしています。

S3の費用とストレージクラス

S3は従量課金制であり、保存するデータ容量と、データ転送量に応じて費用が発生します。また、S3のストレージには**ストレージクラス**という種類があります。デフォルトである標準的なストレージクラスの他に、可用性を低くする代わりに費用を抑えたストレージクラスや、データの取り出しに数時間かかる代わりに費用をさらに抑えたストレージクラスなどがあります。

●主なストレージクラスの種類

ストレージクラス	データサイズあたりの費用	取り出し時の費用	費用を踏まえた取り出し頻度の目安	説明
S3 標準	標準	不要	頻繁	標準のストレージクラス。取り出し時の費用が不要なため、頻繁に取り出しが行われるオブジェクトに適用する
S3 Glacier Instant Retrieval	標準の1/5〜1/6程度	必要	3か月に1回程度	2021年11月に発表されたストレージクラス。取り出し時の取得速度は標準ストレージクラスと同等のため、バックアップや災害対策用のオブジェクトに適用する
S3 Glacier Flexible Retrieval (旧 Glacier)	標準の1/6〜1/7程度	必要 ※大容量取り出しモードの場合は不要	1年に1〜2回程度	オブジェクトの取り出し時にオプションを選べる。有料の迅速取り出しモードでは数分での取り出しが可能で、無料の大容量取り出しモードでは5〜12時間必要となる。すぐに取り出す可能性のある、アーカイブ用のオブジェクトに適用する
S3 Glacier Deep Archive	標準の1/23〜1/24程度	必要	1年に1〜2回程度	最もコストが低いストレージクラス。7〜10年間の長期保存用に設計されている。オブジェクトの取り出し時に最大12時間かかるため、すぐに取り出す必要がない、アーカイブ用のオブジェクトに適用する
S3 1ゾーン - IA (低頻度アクセス)	標準の1/2〜1/3程度	必要	数か月に1回程度	他のストレージクラスと異なり、単一AZで構成されるストレージクラス。S3 標準と比較して費用は抑えられているが、耐久性が低いため、損失しても影響が小さいオブジェクトに適用する

S3のストレージ管理機能

S3には、ストレージを有効活用するためのさまざまな管理機能があります。このストレージ管理機能を利用すると、オブジェクトが誤って削除されることを防いだり、ストレージのセキュリティを向上させたりすることが可能です。

●代表的なS3のストレージ管理機能

機能名	概要
バージョニング	バケットに保存されるすべてのオブジェクトを世代管理できる機能。誤って削除したオブジェクトの復元や、簡易的なバックアップとしての利用が可能
ライフサイクルルール	バケットに対してライフサイクルルールを設定すると、オブジェクトに最後にアクセスしてから指定した日数が過ぎた場合、オブジェクトを自動で削除することなどが可能
レプリケーション	バケット全体を他のバケットにコピーできる機能。レプリケーション設定を行うと、以降、コピー元のバケットを更新した際に、コピー先のバケットも同じ内容で更新される。別リージョンにコピーすると、特定のリージョン全体に被害がおよぶ大規模災害が発生した場合にも、オブジェクトの消失を防げる
バケットポリシー	バケット内のどのオブジェクトに対し、どのユーザーに、どの操作を許可する、といった権限制御ができる機能。不正アクセスを防ぐために、バケットポリシーを正しく設定することが推奨されている

S3のWebサイトホスティング

バケットを簡易的なWebサーバーとして利用できる機能が、S3の**Webサイトホスティング**です。Webサイトホスティング機能を有効化し、インターネットからアクセスできるような設定を行うと、バケット名とキーを組み合わせたURLでWebブラウザからオブジェクトにアクセスできます。例えば、東京リージョンの「sample-bucket-0123456789」というバケットに、「/User/Taro/profile.jpg」というキーでオブジェクトを格納した場合、次のようなURLで画像を閲覧することが可能です。

●S3のWebホスティングにおけるオブジェクトのURLの例

```
http://sample-bucket-0123456789.s3-website-ap-northeast-1.amazonaws.
com/User/Taro/profile.jpg
```

この方法は簡単にバケットを世界中に公開できますが、セキュリティに関する問題がいくつかあるため、簡易的な利用にとどめるのがよいでしょう。商用環境でS3のWebサイトホスティングを行う際は、6日目で紹介するCloudFrontを利用すると、セキュアにオブジェクトを公開できます。例えば、S3に格納したHTMLファイルと動画ファイルを組み合わせて、動画配信サービスの提供などが可能です。

●S3のWebサイトホスティング

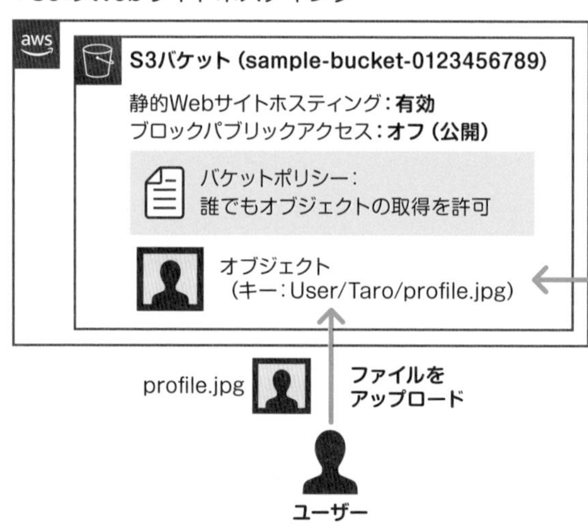

ブロックパブリックアクセス

ブロックパブリックアクセスとは、バケットおよびオブジェクトへの、インターネットからのアクセスをブロックする機能です。デフォルトではオンになっており、バケットはインターネット上には非公開となっています。静的Webサイトホスティングをする場合を除き、ブロックパブリックアクセスはオンにすることがAWSより推奨されています。

2-2 大容量のデータを保存する

POINT!

- Glacier Flexible Retrievalはバックアップの保存先に利用できる
- Glacier Deep Archiveは普段取り出さないファイルの長期保存に利用できる
- S3はデータレイクにも利用できる

S3をバックアップの保存先として使用する

ITサービスを運用する際、サーバーの障害やデータ破損からの復旧に備えて、Webサーバーやデータベースのバックアップを取得することがよくあります。バックアップは毎日取得することが一般的ですが、取得したバックアップを利用する機会は年に数回しか発生せず、ほとんどのバックアップファイルは利用されることがありません。また、バックアップからデータを復元する際は、直近に取得したバックアップファイルを利用することが多く、過去のバックアップファイルを利用することはまれです。

このようなケースで、バックアップファイルの保存場所としてS3を使用する場合は、適切なストレージクラスの選択と、ストレージ管理機能である**ライフサイクルルール**の利用によって、費用対効果を高められます。例えば、ライフサイクルルールの設定により、過去1週間分は**S3 Glacier Instant Retrieval**ストレージクラスに保存して、安価に保存しつつ即座にバックアップファイルを取得できるようにしておきます。1週間が経過した後は、より安価な**S3 Glacier Flexible Retrieval**ストレージクラスに移動するようにライフサイクルルールを設定すると、費用を抑えられます。

また、大規模災害が発生した場合でも、バックアップが消失しないよう求められるケースもあります。その場合、バックアップ取得先のバケットに対し、ストレージ管理機能の**レプリケーション**を利用して、別リージョンにバックアップをコピーすることで、単一リージョン全域に被害がおよぶような災害に備えられます。

S3にデータを長期保存する

企業が扱うファイルの中には、法的な要件などで3〜7年間もの長期保存を必要とするファイルも存在します。そのようなファイルの多くは、通常はあまり利用されることがないため、前述したバックアップよりも利用頻度が低いといえます。監査などで利用する必要性が生じたときでも、多くの場合は急いでファイルを取り出す必要はありません。このようなファイルの保存場所としてS3を使用する場合は、S3のストレージクラスの中でも、保存容量あたりの費用を最も抑えられる**S3 Glacier Deep Archive**ストレージクラスを利用することを検討しましょう。データの取り出しに数時間を要しますが、保存容量あたりの費用はS3 標準のストレージクラスの約1/23まで抑えられます。

その他にも、前述したバックアップファイルのうち、数十日〜数百日など長期間が経過した後の最終的な保存先としてS3 Glacier Deep Archiveを指定したり、災害対策用のレプリケーション先のバケットのみをS3 Glacier Deep Archiveとしたりなど、ファイルの取り出しが非常にまれなケースで採用することがあります。

●S3をバックアップや長期保存場所として使う例

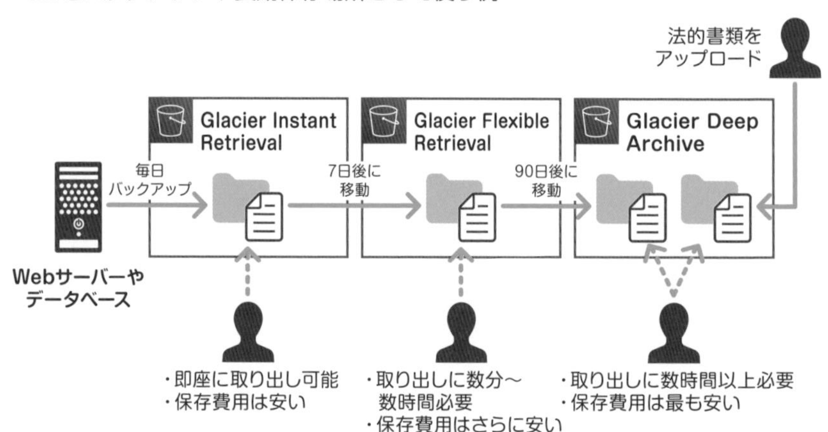

S3をデータレイクに利用する

近年では、企業に長年蓄積された大量のデータを、AIや分析ツールにより分析することで、新たな気付きを得るといった活動が盛んに行われています。企業が保有するデータは、テキストデータの他に、画像や動画などさまざまなファイルの種類があります。これらの多種多様なファイルを1箇所に保存し、AIや分析ツールなどで利用できるようにした場所を、**データレイク**と呼びます。S3は多様なファイルを保存でき、高い耐久性と無制限の容量という性質を持つため、データレイクとしての利用にも適しています。

●S3をデータレイクとして使う

さまざまなシステムから多種多様なデータをデータレイクに送る
データレイクとしてS3を利用
分析ツールによる集計、グラフ化
AIによる分類、判定
新たな気付き

2-3 その他のデータ保存方法を知る

POINT!

・仮想サーバーのディスク領域として、EBSを利用できる
・仮想サーバーの共有ファイルシステムとして、EFSを利用できる
・AWSには、オンプレミスとの接続用のストレージサービスがある

Amazon Elastic Block Store

AWSにはS3以外にも、仮想サーバーから利用できるストレージサービスや、オンプレミスと接続できるストレージサービスなど、いろいろなストレージサービスがあります。**Amazon Elastic Block Store**（以降、EBS）は、仮想サーバーサービスであるEC2との相性がよいAWSサービスです。EC2インスタンスにサーバー上で実行するプログラムなどを格納すると、EC2インスタンスに異常が発生した場合にファイルが消失してしまうという問題があります。ここで利用するのがEBSです。EBSはいわゆる外付けハードディスクのようなもので、EC2インスタンスと接続することで、ファイルの保存先をEBSにすることができます。EC2インスタンスとEBSは分離して管理できるため、EC2インスタンスに異常が発生した場合でも、新しく別のEC2インスタンスを起動してEBSに接続することで、それまでと同様に利用できます。なお、基本的にEBSは1つのEC2インスタンスにしか接続できません。

Amazon Elastic File System

Amazon Elastic File System（以降、EFS）は、共有ファイルシステムとして動作するAWSサービスです。EBSが外付けハードディスクのような役割を持つAWSサービスであるのに対し、EFSは共有のファイルサーバーのような役割を持つAWSサービスです。あるシステムを100台のEC2インスタンスで動作させている場合、共通して利用するプログラムを100台のEC2インスタンスそれぞれ

に配布するのは大変です。また、プログラムを更新する際も、同様の手間が発生します。このようなケースにおいては、EFSの利用が効果的です。EFSはEBSと異なり、複数のEC2インスタンスから読み込めるため、1箇所にファイルを配置することで、100台のEC2インスタンスに同時に設定を反映できます。EFSは数千台のインスタンスからの同時アクセスにも対応できるように設計されています。

●EC2からEBSとEFSを利用する場合のイメージ

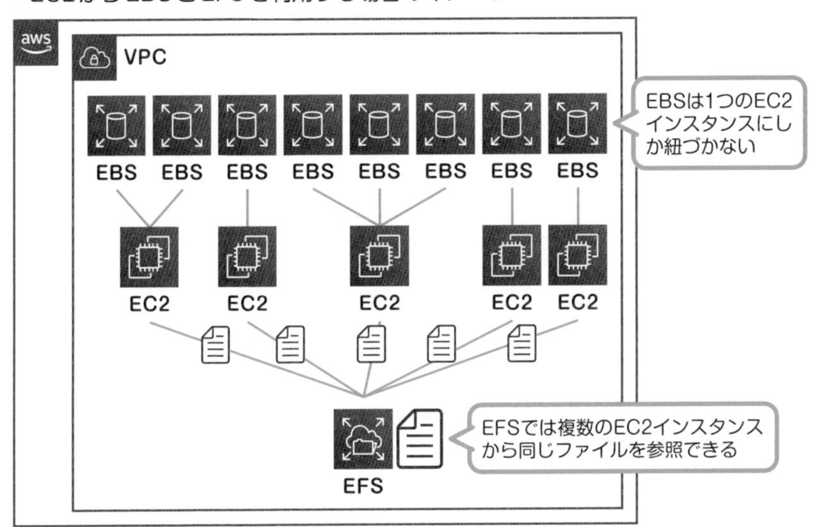

AWS Snowball

AWS Snowball（以降、Snowball）は、データ移送用の物理ストレージを提供するAWSサービスです。セキュリティに関する理由でインターネットに接続できない環境から、AWS環境にデータを移す場合に利用します。マネジメントコンソールからSnowballの利用申し込みを行うと、申し込み時に入力した住所に専用のストレージ機器が郵送されます。ITサービス提供者は、自宅や会社のネットワークにSnowballを接続し、データをコピーします。コピー後はSnowballをAWSに返送し、返送後しばらくすると、Snowballにコピーしたデータが S3に配置されます。

Snowballの物理ストレージは、1台につき最大80TBの容量を誇るため、大容量データの移送を目的として利用されることも多くあります。Snowballを複数台利用することで、ペタバイト(=1,000TB)規模の大容量のデータを、オンプレミス環境からAWSへ移送できます。

AWS Storage Gateway

AWS Storage Gateway(以降、Storage Gateway)は、ストレージサービスではありませんが、オンプレミス上のサーバーのストレージとしてS3を利用できるようにするためのAWSサービスです。オンプレミスのストレージをS3にすることで、冗長性やストレージ容量の管理から解放され、コストやデータ耐久性の向上といったメリットを享受できます。また、S3のストレージ管理機能であるレプリケーションを設定し、オンプレミス上のデータをAWSの複数リージョンへ保存することで、大規模災害に備えた構成をとることも可能です。

●オンプレミスと連携するストレージ関連サービス

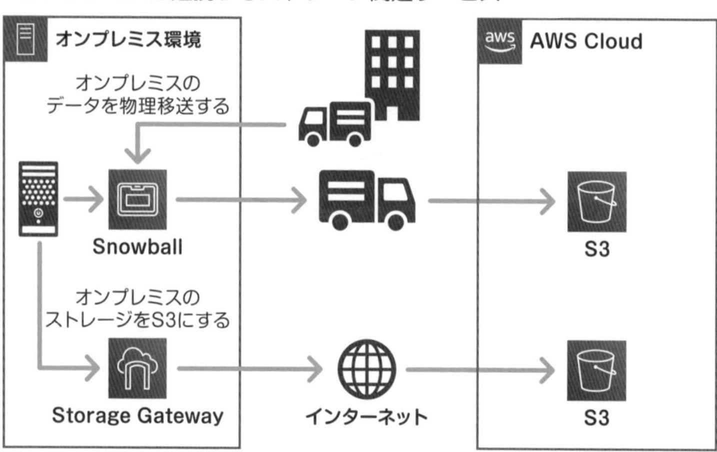

試験にトライ!

S3の特徴は次のうちどれでしょうか（2つ選択）。

A. 必要に応じて手動でスケールアウトすることで、事実上無制限の容量を実現する

B. 必要に応じて3つのAZに手動でコピーすることで、高い可用性と耐久性を実現する

C. 自動で3つ以上のAZに保存されるため、高い可用性と耐久性を実現している

D. 内部的には異なるストレージに分散してオブジェクトの格納を行うため、事実上無制限の容量を実現している

E. どれだけ大きなサイズのオブジェクトを格納しても利用料金が定額である

A S3は、一部のストレージクラスを除き、オブジェクトをアップロードすると、自動的に3つ以上のAZにオブジェクトを保存します。いずれかのAZに障害が発生した場合でも、他のAZにオブジェクトが残っているため、高い可用性と耐久性を実現しています。また、同じバケットにアップロードした場合でも、内部的には異なるストレージに分散して格納を行うため、事実上無制限の容量を実現しています。手動でのスケールアウトや、AZ間コピーを行う必要はありません。また、S3は従量課金制であり、オブジェクトのサイズなどによって利用料金が変動するため、定額ではありません。

正解 **C、D**

5日目のおさらい

問　題

Q1

次のうち、ストレージを導入する目的に当てはまるものを2つ選択してください。

A. Webページの文字の色や大きさを変更する
B. ログイン中のユーザーの名前をWebブラウザに表示する
C. 大容量のファイルを比較的安価に保存する
D. 同じファイルを複数のユーザーが参照できるようにする

Q2

次のうち、S3の特徴を2つ選択してください。

A. S3はどれだけ使っても定額なため、費用計画を立てやすい
B. S3のオブジェクトは大量のストレージに分散格納されるため、S3の容量は事実上無制限である
C. S3にはさまざまなストレージクラスがあり、取り出し頻度によって最適なストレージクラスが自動で選択される
D. S3にアップロードしたオブジェクトは3つ以上のAZに自動で保存されるため、高い可用性と耐久性を誇る

Q3

次のうち、S3の代表的な機能を2つ選択してください。

A. バージョニングによる、オブジェクト誤削除時の復旧
B. スケールアウトによる、オブジェクト読み取り性能の向上
C. Webサイトホスティングによる、簡易的なWebサーバーとしての利用
D. スケールアップによる、利用できるメモリ量の向上

ある企業では、データベースのバックアップをS3に保存したいと考えています。バックアップは毎日取得しますが、オブジェクトを取得する頻度は年間1～2回程度です。また、障害発生時には、数分以内にオブジェクトを取得する必要があります。どのストレージクラスを選択すれば最も費用対効果が高いでしょうか。

A. S3 標準ストレージクラス
B. S3 Glacier Instant Retrievalストレージクラス
C. S3 Glacier Deep Archiveストレージクラス

Q5

次のうち、仮想サーバーサービスであるEC2と組み合わせて使うことが多いAWSサービスを2つ選択してください。

A. Amazon Elastic Block Store (EBS)
B. Amazon Elastic File System (EFS)
C. AWS Snowball
D. AWS Storage Gateway

解答

A1 C、D

ストレージを利用すると、大容量のファイルや大量のファイルを、汎用的なサーバーに保存するよりも比較的安価に保存できます。また、ストレージとして共有のファイルサーバーを利用することで、同じファイルを複数人のユーザーが同時に参照することが容易になります。なお、CSSを導入するとWebページの見た目が変更でき、Webサーバーを導入するとログイン中のユーザー情報のような動的要素をWebブラウザに表示することなどが可能です。

➡ P.173、P.175

A2 B、D

S3に格納したオブジェクトは3つ以上のAZに自動で保存されるため、高い可用性と、イレブンナインと呼ばれる高い耐久性を誇ります。また、オブジェクトはそれぞれのAZ内にある大量のストレージに分散格納されるため、事実上無制限の容量を誇ります。S3は従量課金制のサービスであり、保存したオブジェクトのサイズや、取り出し回数に応じて費用がかかるため、定額ではありません。S3のストレージクラスは自分で選ぶ必要があり、自動で選択はされません。

➡ P.178、P.179

A3 A、C

S3の代表的な機能であるバージョニングにより、オブジェクトの履歴管理や誤操作時の復旧が行えます。また、Webサイトホスティングにより、格納したオブジェクトをWebブラウザから参照できるため、簡易的なWebサーバーとして利用可能です。なお、S3はマネージドサービスであり、スケールアウトやスケールアップ機能はありません。

➡ P.181

A4 B

オブジェクトを取得する頻度が年間1～2回の場合、費用はS3 標準ストレージクラスが一番高く、次いでS3 Glacier Instant Retrievalストレージクラス、一番安いのがS3 Glacier Deep Archiveストレージクラスとなります。また、オブジェクトを数分以内に取り出すことができるのは、S3 標準ストレージクラスと、S3 Glacier Instant Retrievalストレージクラスだけです。よって、選択肢の中では、BのS3 Glacier Instant Retrievalストレージクラスが最も費用対効果が高いといえます。

➡ P.180、P.183

A5 A、B

EBSは、仮想サーバーサービスであるEC2において、外付けのストレージのように利用できるAWSサービスです。EFSは、共有のファイルサーバーとして数千台のEC2から同時にアクセスできるAWSサービスです。Snowballは物理ストレージであり、主にインターネット接続ができない環境にある、オンプレミスサーバーのデータを、AWSに移管するために利用するAWSサービスです。Storage Gatewayは、オンプレミスサーバーのストレージとしてS3を利用するためのAWSサービスです。

➡ P.186

6日目

Webサービスを公開する

1. Webサービスを公開するための基礎知識
2. AWSでWebサービスを公開する方法

 6日目で学ぶこと

・Webサービスを公開するための基礎知識
・AWSでWebサービスへのアクセスを分散させる方法
・AWSでドメイン名を利用する方法
・AWSでコンテンツの提供を高速化する方法
・AWSでWebサービスを脅威から守る方法

6日目では、Webサービスをユーザーに公開するために必要な基礎知識や関連するAWSサービスを学習します。また、ユーザーにより満足して利用してもらうために、コンテンツの提供を高速化したり、Webサービスを公開することで想定される脅威への対策に必要なAWSサービスについても学びます。

●6日目の学習内容

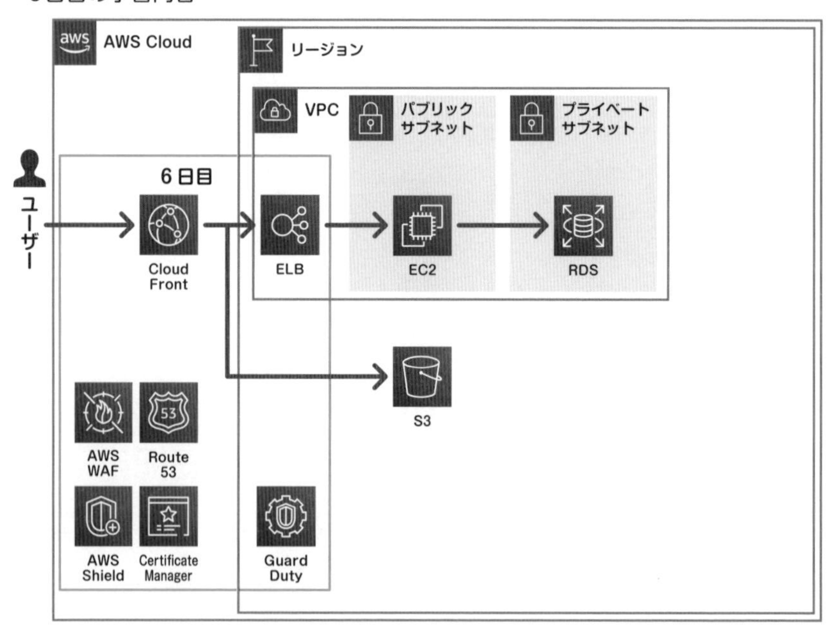

1 Webサービスを公開するための基礎知識

- □ プロトコル（http/https）
- □ ロードバランサー
- □ DNSサービス
- □ CDN

1-1 Webサービスの基礎

POINT!

- SSL/TLS証明書は、コンピュータ同士の通信の暗号化や復号ができる
- ロードバランサーは、ユーザーからのアクセスを複数台のWebサーバーに振り分ける
- DNSサービスは、ドメイン名をIPアドレスに変換できる
- CDNは、コンテンツの提供を高速化できる

Webサービスを公開する

Webブラウザなどから、インターネット経由でアクセスできるITサービスを、**Webサービス**といいます。6日目では、5日目までで作成したITサービスを、Webサービスとして世界中に公開するために必要な基礎知識や準備のしかたについて説明します。

●インターネット経由でアクセスできるサービス

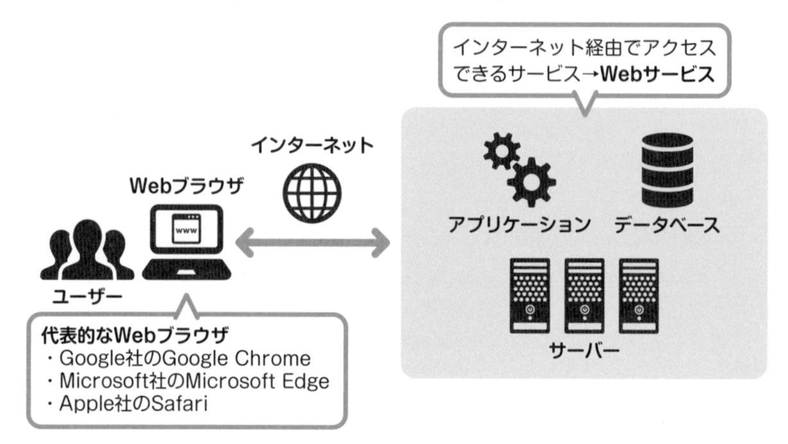

httpやhttpsを利用して通信する

皆さんがWebページを閲覧する際に指定するURLは、**http**か**https**で始まっているかと思います。これは、皆さんが使用しているWebブラウザと、Webページを提供するWebサーバーが、httpやhttpsというプロトコルで通信していることを意味します。httpはHypertext Transfer Protocolの略で、httpsはHypertext Transfer Protocol Secureの略です。httpsは、httpの通信を暗号化し、盗聴や改ざんなどから通信を守るプロトコルです。

Webページの閲覧では、まずWebブラウザからWebサーバーへ「Webページの提供」をリクエストします。そして、Webサーバーは、リクエストされたWebページや画像をWebブラウザへ提供します。この一連の流れは、httpやhttpsによって実現されています。

●Webページの閲覧をhttpやhttpsで実現する

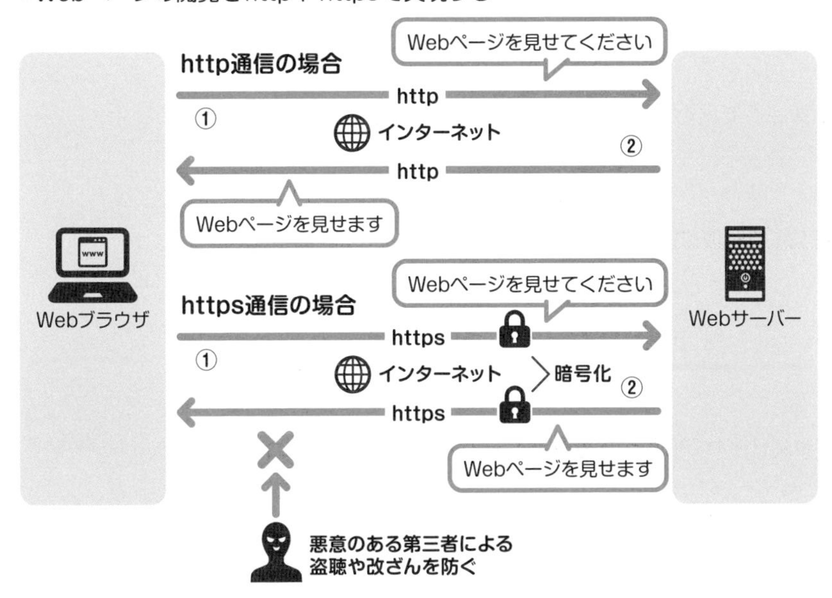

プロトコル

プロトコルとは、コンピュータ同士がやりとりするための約束事です。プロトコルは、私たちが普段の会話で使用している「言語」に例えることができます。人同士の会話が、日本語と英語だと成り立たないように、コンピュータ同士の通信もプロトコルが異なれば成り立ちません。

●プロトコルについて

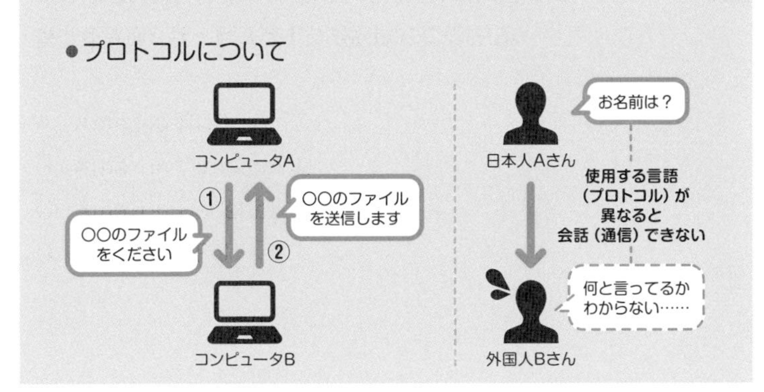

なお、httpsの暗号化には、**SSL/TLS証明書**が必要です。SSL/TLS証明書は、サーバーなどの電子証明書を発行する第三者機関である、「認証局」から発行される証明書です。SSL/TLS証明書により、通信するサーバーが正しいものであることを証明できます。そしてこの証明書を利用して、WebブラウザとWebサーバー間の通信の暗号化や復号をすると、盗聴や改ざんから通信を守れます。

●SSL/TLS証明書で行う通信の暗号化

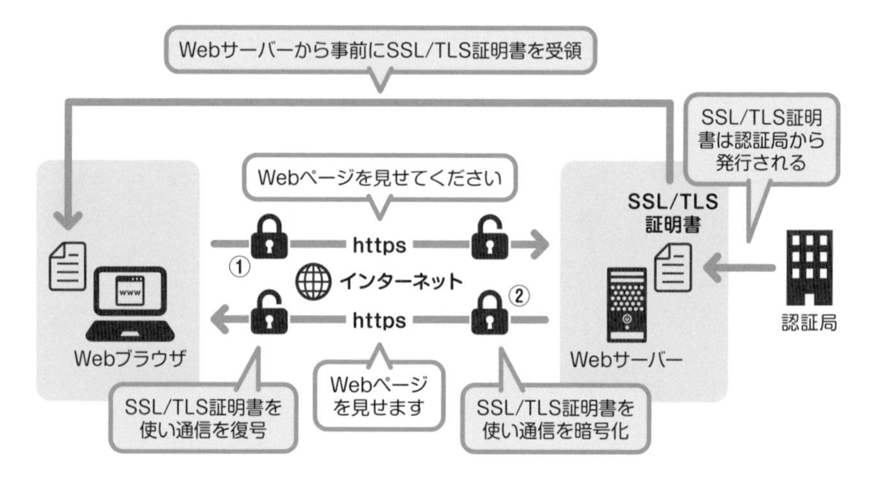

httpで通信するWebサービスの場合、悪意のある第三者によって、WebブラウザとWebサーバーとの通信の内容が盗聴されてしまうなどのリスクがあります。例えば、ECサイトの通信の内容が盗聴されてしまうと、クレジットカード情報といった重要な情報が流出する恐れがあります。そのため、Webサービスを提供する際は、httpsで通信できるよう、SSL/TLS証明書を必ず準備するようにしましょう。

大量のアクセスに応える

Webサーバーは、ユーザーからのアクセスに応じて、Webページや画像を提供します。もし、短時間に大量のアクセスがあった場合、Webサーバーは要求に応えきれない場合があります。これは、Webサービスにアクセスしにくいといった影響をユーザーにおよぼすことにつながります。

●大量のアクセスによる影響

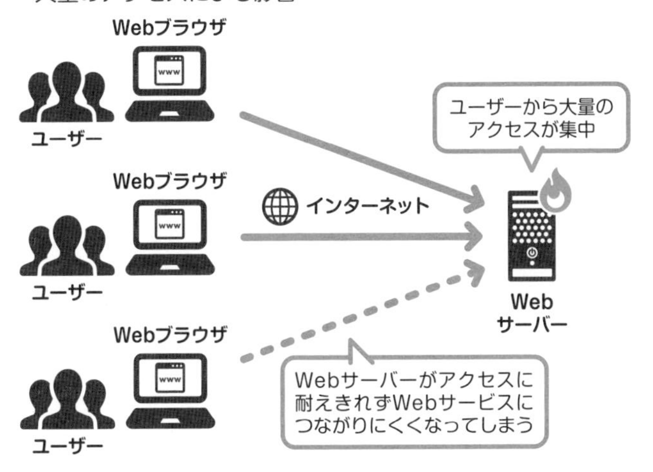

そのため、Webサービスを提供する場合、大量のアクセスに応えるための準備が必要です。例えば、Webサーバーなどの台数を増やす「スケールアウト」も、その準備の1つです。スケールアウトは、Webサービス全体としての性能を向上させます。ただし、スケールアウトしただけでは、台数が増えたWebサーバーにアクセスを振り分けられません。スケールアウトしたWebサーバーにアクセスを振り分ける**ロードバランサー**を用意する必要があります。ロードバランサーは、負荷分散装置とも呼ばれます。その名の通り、ユーザーからのアクセスを、複数のWebサーバーに分散させ、アクセスによるWebサーバーの負荷を分散させる装置です。

●ロードバランサーによるアクセスの振り分け

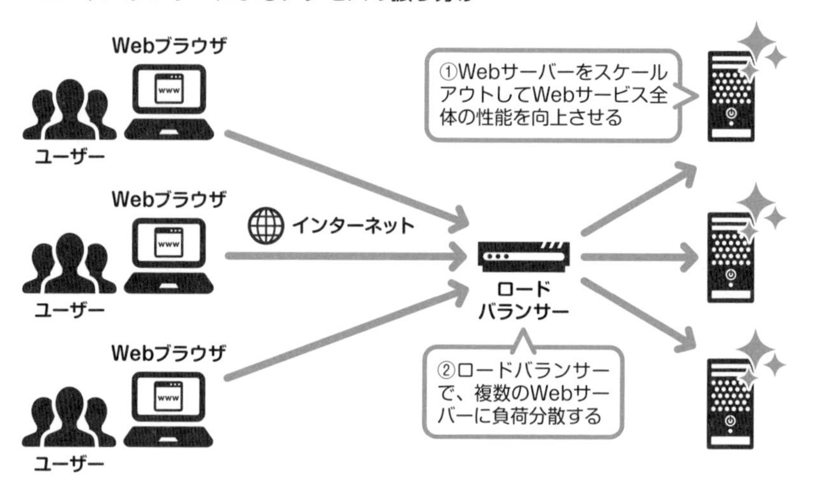

ドメイン名を取得する

Webサービスを公開する際には、**ドメイン名**の取得も重要です。ドメイン名とは、2日目に学習したIPアドレスと同様で、ネットワークの住所を表すものです。IPアドレスは、数字の組み合わせだったのに対して、ドメイン名は文字列でネットワークの住所を表します。皆さんが普段閲覧するWebページのURLは、ドメイン名を利用して表記されており、「https://example.com」というURLの場合、「example.com」がドメイン名にあたります。

なぜ、URLはIPアドレスではなくドメイン名で表記されるのでしょうか。IPアドレスは数字の羅列なので、URLをIPアドレスで表記すると「https://203.0.113.123」のようになり、ユーザーにとってはそのURLがアクセスしたいWebページなのかが判別しづらく、また、入力するときに間違えやすいURLとなります。一方、IPアドレスの代わりにドメイン名を利用する場合、ユーザーはアクセスしたいWebページであると判別しやすく、URLの入力も間違えづらいというメリットがあります。なお、ドメイン名の左端から最初のドットまでにある文字列は、サービス提供者が自由につけられます。多くはサービス名を含めるなど、ユーザーが覚えやすい文字列をつけます。なお、ドメイン名はインターネット上で一意のため、注意が必要です。

●ドメイン名とは

ドメイン名
ドメイン名は、自由に作成可能だが
インターネット上で一意である必要がある
example . com
Webサービスの提供者が
自由につけられる文字列
ITサービス提供者が選択できる固定の文字列。
comは商用サービス、jpは日本国内など、
利用する文字列によって用途を表現できる

ドメイン名をIPアドレスに変換する

ドメイン名は、ユーザーがアクセス先を判別しやすくするための文字列に過ぎません。WebブラウザとWebサーバー同士の通信は、IPアドレスを利用します。そのため、入力したドメイン名を、WebサーバーのIPアドレスと対応させる必要があります。

DNSサービスは、Domain Name Systemサービスの略であり、ドメイン名とIPアドレスを相互に変換する仕組みです。DNSサービスがドメイン名をIPアドレスに変換してくれるおかげで、ユーザーはIPアドレスではなく、ドメイン名でWebページにアクセスできます。

●DNSサービスによるドメイン名からIPアドレスへの変換

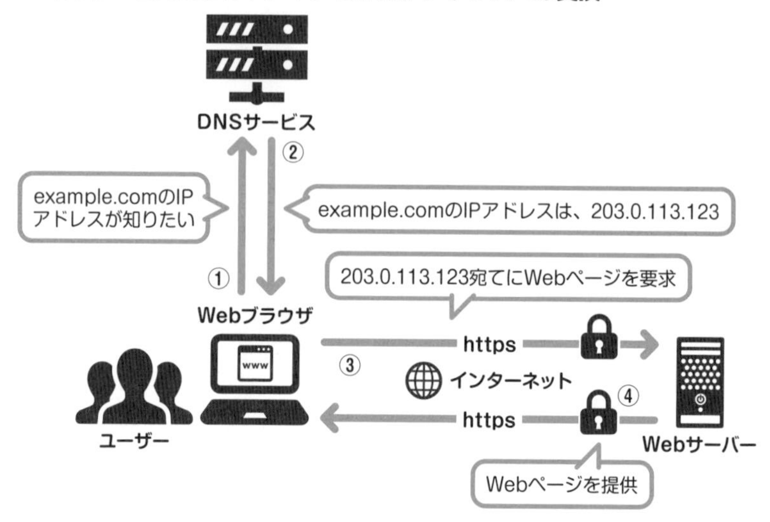

コンテンツの提供を高速化する

ユーザーからのアクセスに対して、画像や動画などのコンテンツを素早く提供するには、**CDN**という仕組みを利用します。CDNは、Content（コンテンツ） Delivery（デリバリー） Network（ネットワーク）の略です。CDNは、オリジンサーバーとキャッシュサーバーという2種類のサーバーを組み合わせて、コンテンツの提供を高速化します。オリジンサーバーは、CDNを利用するITサービス提供者側で用意するサーバーで、高速に提供したいコンテンツの原本をITサービス提供者側で保管します。一方、キャッシュサーバーは、CDNの事業者側が用意するサーバーで、世界各地に配置されています。オリジンサーバーに保管されたコンテンツは、キャッシュサーバーにコピーされ、オリジンサーバーの代わりにキャッシュサーバーが、ユーザーにコンテンツを提供します。

●CDNの仕組み

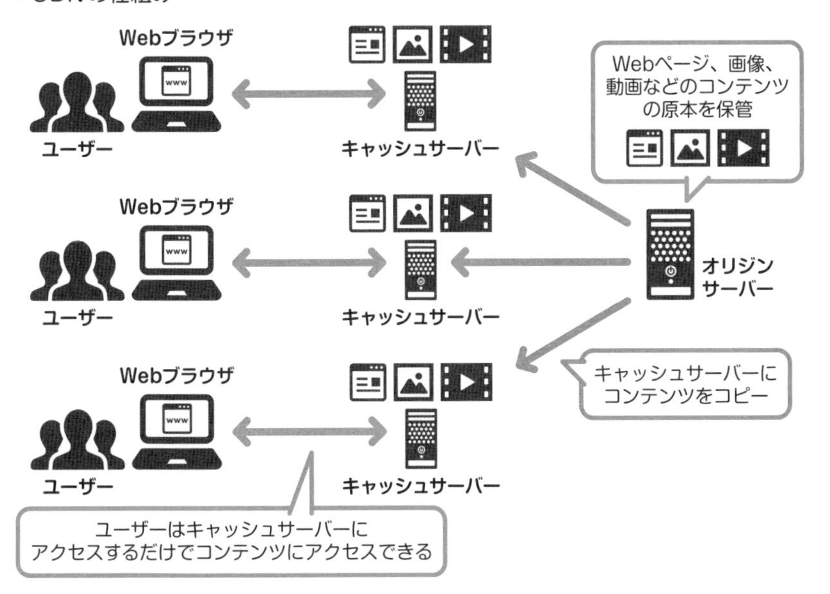

例えば国内にWebサーバーを持つWebサービスから、海外のユーザーに向けてコンテンツの提供をしたい場合について考えてみましょう。海外のユーザーとWebサーバーの距離が物理的に離れている分、通信に時間を要するので、コンテンツの提供にも時間がかかります。このようなケースでCDNを利用すると、海外のユーザーは距離が近いキャッシュサーバーのコンテンツにアクセスできるようになるため、コンテンツが高速に提供されます。

また、ユーザーからのアクセスが世界各地に設置されたキャッシュサーバーに分散されると、オリジンサーバーの負荷を下げられます。コンテンツの提供を高速化したい場合やオリジンサーバーの負荷を下げたい場合は、CDNの利用を検討しましょう。

●CDNを利用しない場合

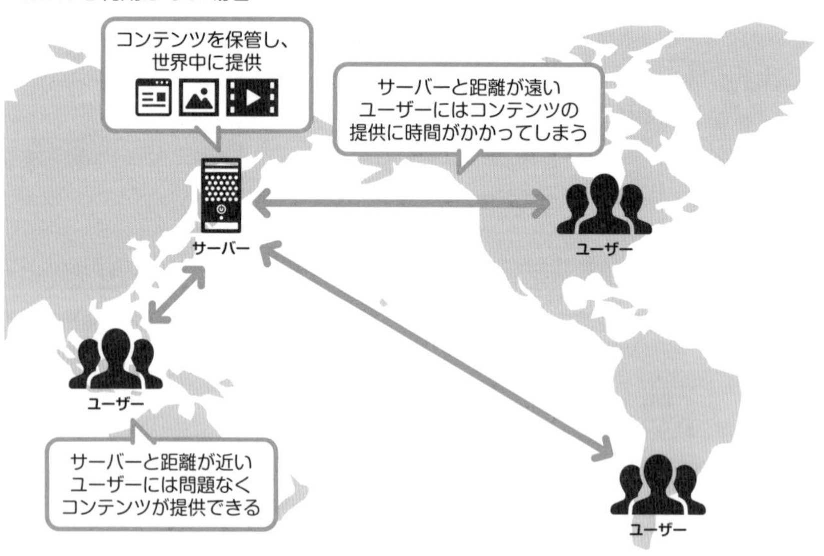

●CDNを利用してコンテンツの提供を高速化する場合

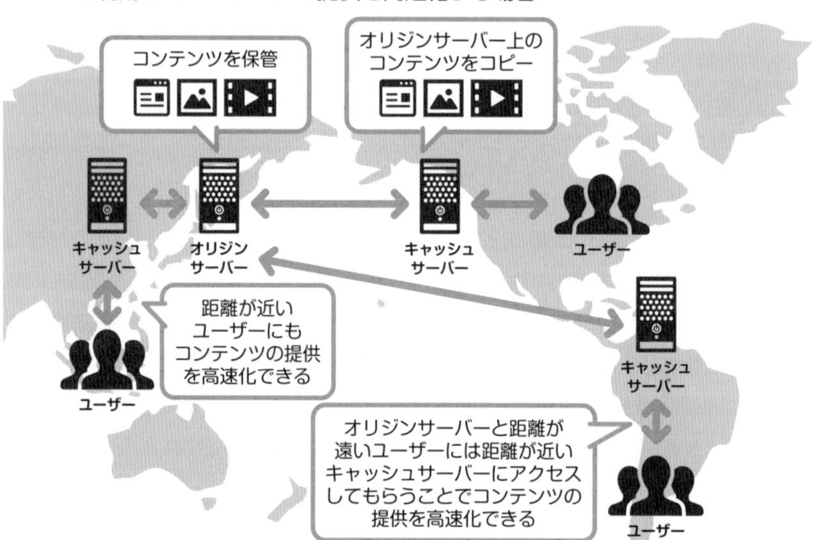

2 AWSでWebサービスを公開する方法

- ELB
- Route 53
- CloudFront
- ACM、AWS WAF、AWS Shield、Amazon GuardDuty

2-1 負荷分散を行う

POINT!

- ELBは、ALBなどのマネージドなロードバランサーを提供する
- ALBは、httpやhttpsを利用したアクセスの振り分けに適している

AWSでアクセスを振り分ける

AWSでは、**Elastic Load Balancing**（以降、ELB）というロードバランサーが提供されています。ELBはフルマネージドなAWSサービスのため、アクセスの量に応じて、ロードバランサーのスケールアウトやスケールインを自動で実施します。また、アクセスの振り分け先であるEC2などに対し、正常に稼働しているかを監視する機能も有していて、振り分け先のうち特定のEC2がダウンしている場合は、該当のEC2を自動で振り分け先から取り除くこともできます。また、複数のAZを利用する場合、AZをまたいでアクセスを振り分けることも可能です。これにより、特定のAZ全体に障害が発生しても、正常に動作するAZのEC2に振り分けを行い、Webサービスを継続できます。つまり、Webサービスの可用性を高めることにつながります。

●ELBの特徴

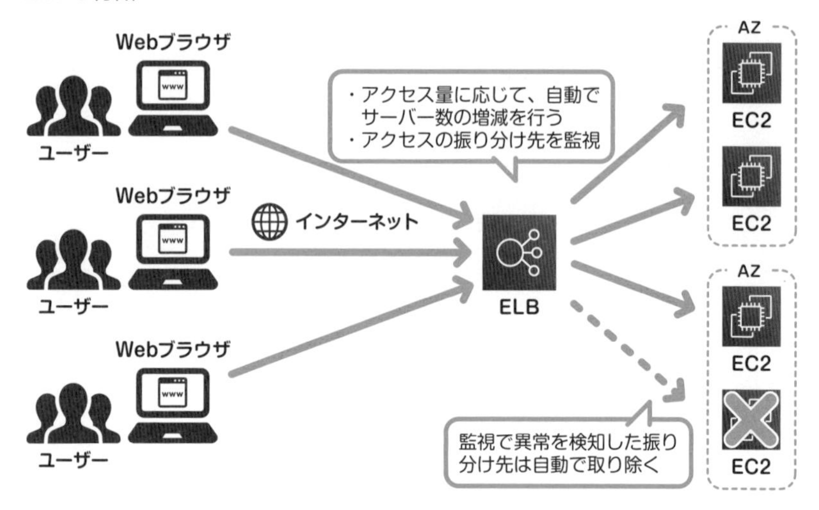

Webサービスのアクセスを振り分ける

ELBでは、用途に応じてロードバランサーの種類を選択する必要があります。本書では、その中でもWebサービスを公開する場合に最適なロードバランサーについて紹介します。

ELBで、ユーザーからのWebページへのアクセスを振り分ける場合は、**Application Load Balancer**（以降、ALB）を利用します。ALBは、httpやhttpsを利用したアクセスの振り分けに最適なロードバランサーです。ALBの特徴は2点あります。1点目は、URLに基づいて、アクセスの振り分け先を変更できることです。例えば、「https://example.com/app」はアプリケーションが動作するEC2に振り分けし、「https://example.com/movie」は動画を保存したS3に振り分けるといったように、アクセスの振り分け先を柔軟に設定できます。2点目は、この後に紹介するAWS WAFなど、アプリケーションのセキュリティ対策を行うAWSサービスを設定できることです。

●ALBの特徴

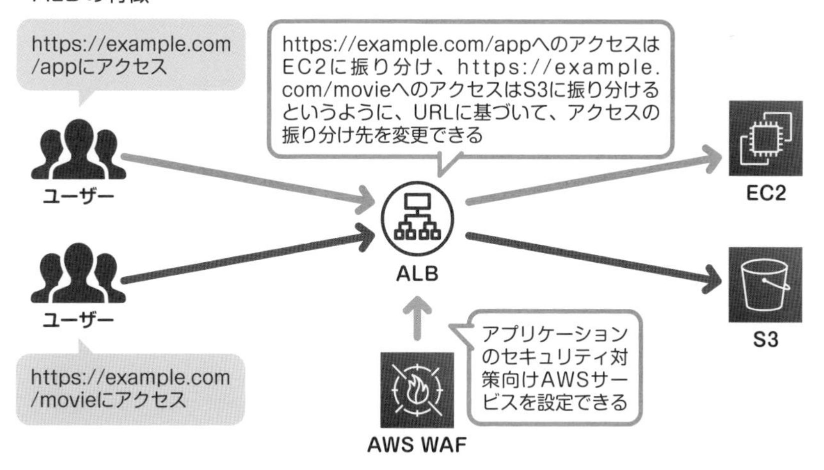
https://example.com
/appにアクセス
https://example.com/appへのアクセスはEC2に振り分け、https://example.com/movieへのアクセスはS3に振り分けるというように、URLに基づいて、アクセスの振り分け先を変更できる
ユーザー
ユーザー
EC2
ALB
S3
アプリケーションのセキュリティ対策向けAWSサービスを設定できる
https://example.com
/movieにアクセス
AWS WAF

なお、ALB以外にも、ELBにはNetwork Load Balancer(以降、NLB)やGateway Load Balancer(以降、GLB)、Classic Load Balancer(以降、CLB)というロードバランサーの種類がありますが、Webサービスを作成するときは、ALBを使うのが一般的です。今回はWebサービスを公開するケースを中心に解説しているため、その他のロードバランサーの詳細な説明については割愛します。

用語

Elastic Load Balancing

フルマネージドなロードバランサーを提供するAWSサービスです。複数の種類のロードバランサーが提供されているため、用途に応じて適切なものを利用します。

●ELBで提供されるロードバランサーの種類

ロードバランサー名	概要
ALB	httpやhttpsを利用したアクセスの振り分けに最適なロードバランサー
NLB	急激なアクセス量の増加にも対応可能な、幅広い用途で利用できるロードバランサー
GLB	AWS社以外の企業が提供するセキュリティ製品と組み合わせて利用するロードバランサー
CLB	現在利用は推奨されていない、AWSで最初にリリースされたロードバランサー

2-2 Webサービスを世界に公開する

POINT!

- Route 53は、DNSサービスを提供する
- CloudFrontは、コンテンツの提供を高速化できる

AWSでDNSサービスを利用する

ユーザーがドメイン名を利用し、Webサービスにアクセスできるようにするためには、ドメイン名とWebサーバーのIPアドレスを紐づける必要があります。つまり、DNSサービスが必要です。AWSでは、**Amazon Route 53**（以降、Route 53）というDNSサービスが提供されています。Route 53は、AWS上でドメイン名の登録や管理を行うマネージドなAWSサービスです。ITサービス提供者側で、DNSサービス自体の可用性や拡張性などは気にする必要がありません。

また、Route 53はドメイン名の**ヘルスチェック**と、**DNSフェイルオーバー**という機能を備えています。ドメイン名のヘルスチェックは、Route 53に登録されたドメイン名が正常に通信できるかをチェックする機能です。DNSフェイルオーバーは、ドメイン名のヘルスチェックで正常に通信できないことを検知した場合、ユーザーに向けて表示するWebページを切り替える機能です。

これらの機能を活用し、Webサービスの可用性を高める例として、ユーザーからのWebサービスへのアクセスの振り分け先を、Route 53によって切り替えるケースを考えます。このケースでは、Webサービスは東京リージョン上で動いており、災害などが発生した場合に備え、大阪リージョンにも同一にELBやEC2を作成しています。

●Route 53を活用して可用性を高める例

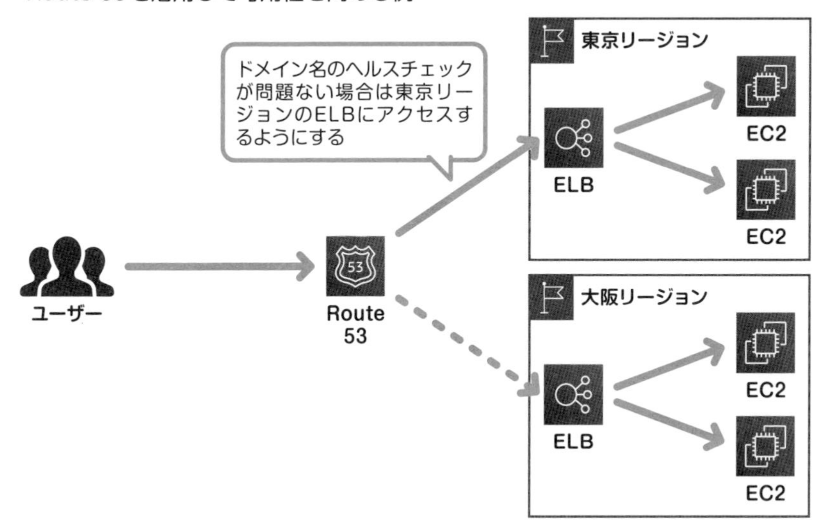

このケースで、東京リージョンのEC2が災害などのために通信できなくなってしまうと、ユーザーはWebサービスにアクセスしても、エラー画面が表示されてしまいます。このような状況で、ユーザーがアクセスしてもエラー画面を表示させず、継続してWebサービスを提供したい場合などに、ドメイン名のヘルスチェックとDNSフェイルオーバーを利用できます。

例えば、Route 53によるドメイン名のヘルスチェックで、ドメイン名が正常に通信できないことを検知したとします。その場合、Route 53は大阪リージョン側のELBに向けて、DNSフェイルオーバーを実施します。DNSフェイルオーバーを実施すると、継続してWebサービスを提供できるため、ユーザーがWebサービスを利用できない事態を防げます。

● DNSフェイルオーバー

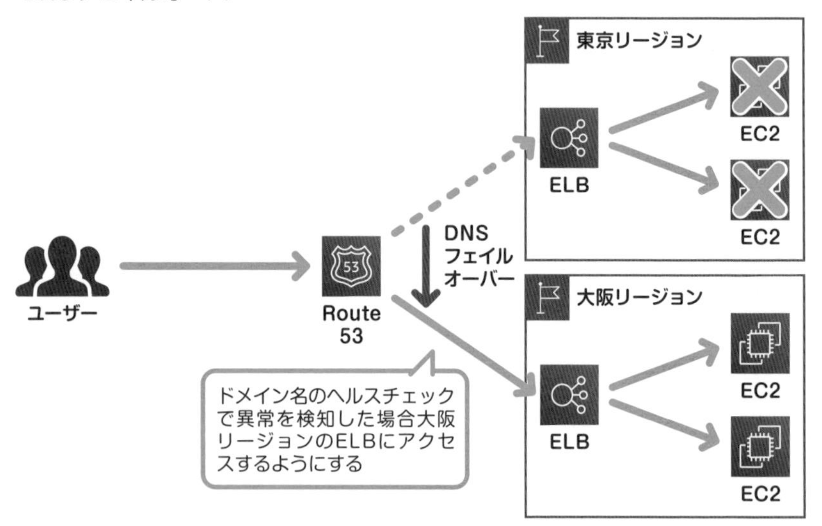

Amazon Route 53
AWSが提供するDNSサービスです。ドメイン名の登録や管理などを行えます。

AWSでコンテンツの提供を高速化する

Amazon CloudFront（以降、CloudFront）は、CDNを提供するAWSサービスです。CloudFrontを利用すると、世界中に用意されたAWSのエッジロケーションを経由して、高速にコンテンツを提供できます。エッジロケーションとは、CDNのキャッシュサーバーを設置した拠点のことで、2023年1月時点で、AWSは48か国90以上の都市にエッジロケーションを構えています。CloudFrontを利用した場合、オリジンサーバーとして東京リージョンのS3バケットなどを設定した場合でも、世界中のエッジロケーションのキャッシュサーバー上にコンテンツがコピーされます。そのため、どの地域にいるユーザーに対しても、高速なコンテンツ提供が可能なのです。

● CloudFrontでコンテンツの提供を高速化する

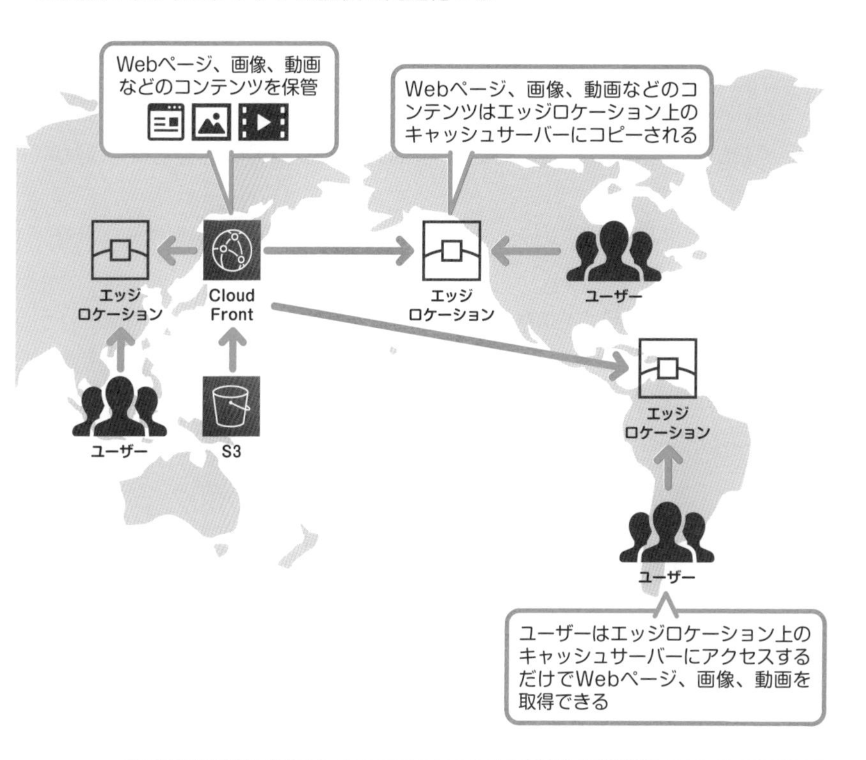

Amazon CloudFront

CDNを提供するAWSサービスです。ユーザーに向けたコンテンツの提供を高速化できます。

2-3 Webサービスを脅威から守る

POINT!

- ACMは、httpsの通信に必要なSSL/TLS証明書の発行や管理ができる
- AWS WAFは、アプリケーションを脅威から守るWAFサービスを提供する
- AWS Shieldは、WebサービスをDDoS攻撃から守る
- GuardDutyは、AWSアカウントやAWSサービスに対する攻撃を検知できる

ユーザーとの通信を暗号化する

ユーザーとWebサービス間で、httpsを用いた暗号化通信を行う場合、SSL/TLS証明書が必要です。AWSでSSL/TLS証明書の発行や管理をする場合、**AWS Certificate Manager**（以降、ACM）を利用します。ACMで発行したSSL/TLS証明書を、ELBやCloudFrontなどに設定すると、ユーザーが利用するWebブラウザからの通信を暗号化できます。ACMでのSSL/TLS証明書の発行や管理は、無料で利用できます。また、ACMで発行したSSL/TLS証明書は13か月の間有効で、期限が切れた場合は自動で更新することもできます。

●ACMの特徴

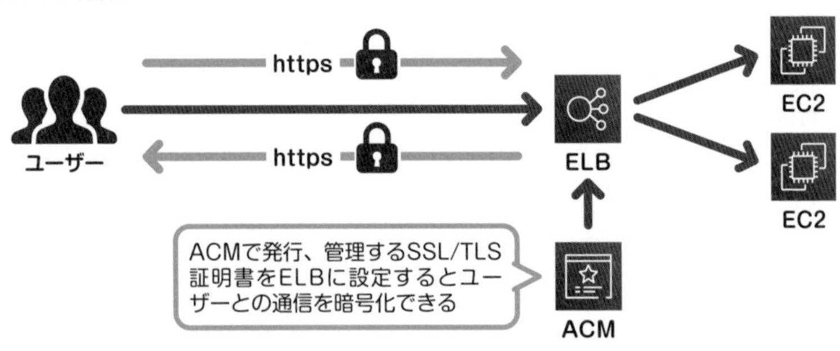

https
https
ユーザー
ELB
EC2
EC2
ACMで発行、管理するSSL/TLS証明書をELBに設定するとユーザーとの通信を暗号化できる
ACM

用語

AWS Certificate Manager
SSL/TLS証明書の発行や管理をするためのAWSサービスです。ACMで管理するSSL/TLS証明書を使って、httpsを用いた暗号化通信を行えます。

攻撃からアプリケーションを守る

インターネットを通じて、Webサービスを公開することは、少なからずWebサービスを脅威に晒すということです。Webサービスを脅威から守るためには、**WAF**(ワフ)が有効です。WAFは、Web Application Firewallの略です。WAFを利用すると、Webサービス内で動いているアプリケーションへの悪意ある通信を検知し、遮断することで、脅威からアプリケーションを守れます。WAFで対策可能な脅威の例としては、クロスサイトスクリプティング※1やSQLインジェクション※2などが挙げられます。AWSでは、**AWS WAF**というWAFサービスが提供されており、ALBやCloudFrontなどに設定できます。Webサービスを公開する場合は、AWS WAFの設定を有効化し、アプリケーションを守るようにしましょう。

●AWS WAFの特徴

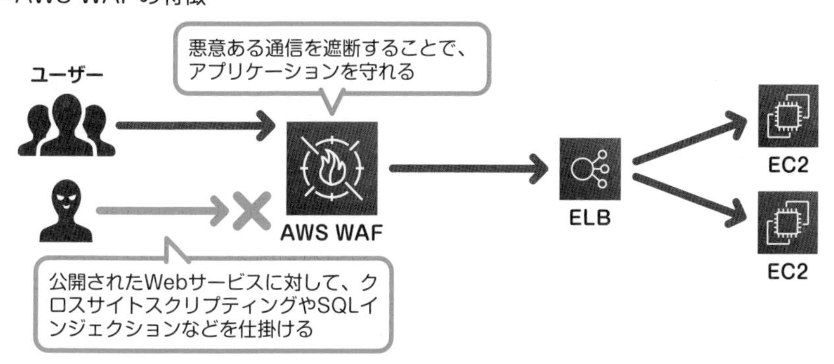
悪意ある通信を遮断することで、アプリケーションを守れる
ユーザー
AWS WAF
ELB
EC2
EC2
公開されたWebサービスに対して、クロスサイトスクリプティングやSQLインジェクションなどを仕掛ける

※1 ユーザーを悪質なWebサイトに誘導し、プログラムを実行させることで、ユーザーの個人情報を窃取したり、マルウェアなどのウィルスに感染させたりする攻撃手法です。
※2 データベースに不正なSQLが実行されることで、データを漏洩したり改ざんしたりする攻撃手法です。

用語

AWS WAF
アプリケーションを脅威から守るWAFを提供するAWSサービスです。クロスサイトスクリプティングやSQLインジェクションなどの脅威からアプリケーションを守れます。

DDoS攻撃から守る

Webサービスを公開した場合に考えられる脅威として、他にDDoS（ディードス）攻撃があります。DDoS攻撃とは、Webサービスに対し、何台ものコンピュータから短時間に大量のアクセスをすることで、Webサービスをダウンさせる攻撃です。DDoS攻撃は、短時間に大量のアクセスをする悪意のあるIPアドレスを検知し、遮断することで防げます。DDoS攻撃からAWS上のWebサービスを守る場合、**AWS Shield**というAWSサービスを利用します。

●AWS Shieldの特徴

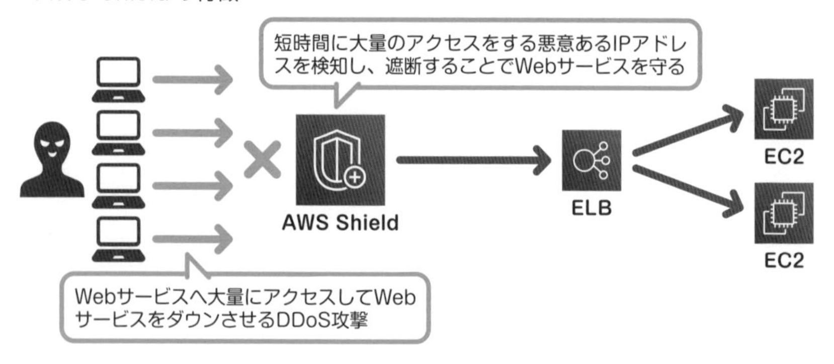
短時間に大量のアクセスをする悪意あるIPアドレスを検知し、遮断することでWebサービスを守る
AWS Shield
ELB
EC2
EC2
Webサービスへ大量にアクセスしてWebサービスをダウンさせるDDoS攻撃

AWS Shieldを利用すると、AWSに作成したWebサービスに対するDDoS攻撃に備えられます。AWS Shieldは、無料で利用可能な**AWS Shield Standard**と、有料で追加のオプションがついた**AWS Shield Advanced**の2種類があります。AWS Shield Standardは、DDoS攻撃からWebサービスを守る基本的な機能を提供します。AWS Shield Advancedは、DDoS攻撃からWebサービスを守る基本的な機能に加え、AWSのDDoS攻撃対策チームが24時間年中無休でサポートしてくれるなど、追加のオプションが提供されます。

AWS Shield
Webサービスを DDoS攻撃から守るAWSサービスです。有料オプションを利用すると、AWSのDDoS攻撃対策チームのサポートなどが利用できます。

AWSサービスやAWSアカウントへの攻撃検知

Amazon GuardDuty（以降、GuardDuty）は、AWSサービスやAWSアカウントに対する攻撃を検知するためのAWSサービスです。GuardDutyは、利用中のAWSサービスのパフォーマンスに影響を与えることなく、攻撃を検知できます。また、利用を開始する際は、1クリックのみで簡単に設定を有効化できます。GuardDutyを有効化すると、AWSが不正に操作されていることが検知され、AWSを利用するITサービス提供者にアラートが通知されます。また30日間無料で利用でき、その間で実際に課金される額も試算されます。

GuardDutyは、リージョンごとに有効･無効を設定できますが、利用しないリージョンも含めて、すべてのリージョンでGuardDutyを有効化することが推奨されます。例えば、東京リージョンしか利用していなかったとしても、AWSアカウントへの攻撃により、サンパウロリージョンにEC2が大量に起動されるケースを考えます。この場合、すべてのリージョンのGuardDutyを有効化しておくと、サンパウロリージョンでの攻撃を検知でき、不正利用によるEC2の請求額を減らせます。

GuardDuty
AWSサービスやAWSアカウントに対する攻撃を検知できるAWSサービスです。利用中のAWSサービスのパフォーマンスに影響を与えることなく、攻撃を検知できます。

試験にトライ!

Q ユーザーに向けたコンテンツの提供を高速化したい場合に、利用するAWSサービスを1つ選択してください。

A. ELB
B. Route 53
C. AWS WAF
D. CloudFront

A ユーザーに向けたコンテンツの提供を高速化したい場合は、CloudFrontを利用します。ELBは、Webサービスへのアクセスを分散させるロードバランサーを提供するAWSサービスです。Route 53は、ドメイン名の取得や管理を行うDNSサービスを提供するAWSサービスです。AWS WAFは、脅威からアプリケーションを守れるWAFを提供するAWSサービスです。

正解 **D**

6日目のおさらい

問　題

Q1

次のうち、ドメイン名からIPアドレスに変換する際に利用するものを1つ選択してください。

A. SSL/TLS証明書
B. DNSサービス
C. ロードバランサー
D. CDN

Q2

次のうち、httpやhttpsを利用したアクセスの振り分けに最適なELBがサポートするロードバランサーを1つ選択してください。

A. ALB
B. NLB
C. GLB
D. CLB

Q3

次のうち、Route 53が提供する機能をすべて選択してください。

A. ドメイン名の取得
B. ドメイン名の管理
C. ドメイン名のヘルスチェック
D. DNSフェイルオーバー

Q4

次のうち、CDNの仕組みに関連する用語を2つ選択してください。

A. キャッシュサーバー
B. DNSサービス
C. ロードバランサー
D. エッジロケーション

Q5

次のうち、WebサービスをクロスサイトスクリプティングやSQLインジェクションから守るために利用すべきAWSサービスを1つ選択してください。

A. ACM
B. AWS WAF
C. AWS Shield
D. GuardDuty

解答

A1 B

ドメイン名からIPアドレスに変換する場合は、DNSサービスを利用します。SSL/TLS証明書は、通信先のサーバーが正しいことを証明し、通信の暗号化や復号をするために利用します。ロードバランサーは、Webサービスのアクセスを複数台のWebサーバーに振り分ける際に利用します。CDNは、コンテンツの提供を高速化する際に利用します。

➡ P.203

A2 A

httpやhttpsを利用したアクセスの振り分けに最適なロードバランサーは、ALBです。NLBは、高性能で幅広い用途に利用できるロードバランサーです。GLBは、AWS社以外の企業が提供するセキュリティ製品でWebサービスを保護する際に利用します。CLBは、古いタイプのロードバランサーで、新規にWebサービスを作成する際に利用することはありません。

➡ P.208

A3 A、B、C、D

Route 53は、ドメイン名の取得や管理、ドメイン名のヘルスチェック、DNSフェイルオーバーの、すべての機能を提供します。

➡ P.210

A4 A、D

CDNの仕組みに関連する用語は、キャッシュサーバーとエッジロケーションです。キャッシュサーバーは、オリジンサーバー上に保存したコンテンツをコピーし、ユーザーからアクセスを受け付けます。エッジロケーションは、CDNのキャッシュサーバーを設置した拠点です。DNSサービスは、ドメイン名からIPアドレスに変換する際に利用します。ロードバランサーは、Webサービスのアクセスを複数台のWebサーバーに振り分ける際に利用します。

➡ P.212

A5 B

Webサービスをクロスサイトスクリプティングや SQLインジェクションから守るために利用すべきAWSサービスは、AWS WAFです。ACMでは、SSL/TLS証明書の発行や管理をし、httpsを用いた暗号化通信を行えます。AWS Shieldは、DDoS攻撃からWebサービスを守れるAWSサービスです。GuardDutyは、AWSサービスやAWSアカウントに対する攻撃を検知できるAWSサービスです。

➡ P.215

7日目

ITサービスを運用する

7日目で学ぶこと

- ITサービスの運用における基礎知識
- AWSの監視サービスや権限サービス
- AWSの費用の最適化
- AWSを使ったシステムの開発効率の向上

7日目では、公開したITサービスが長く利用されるために必要なAWSサービスを学習します。例えば、不具合から素早く復旧するための監視や通知、不具合を起こさないようにするための不正な操作の防止、不要なAWS利用料の支払いの防止、ITサービスの開発効率化などに利用できるAWSサービスを学びます。

●7日目の学習内容

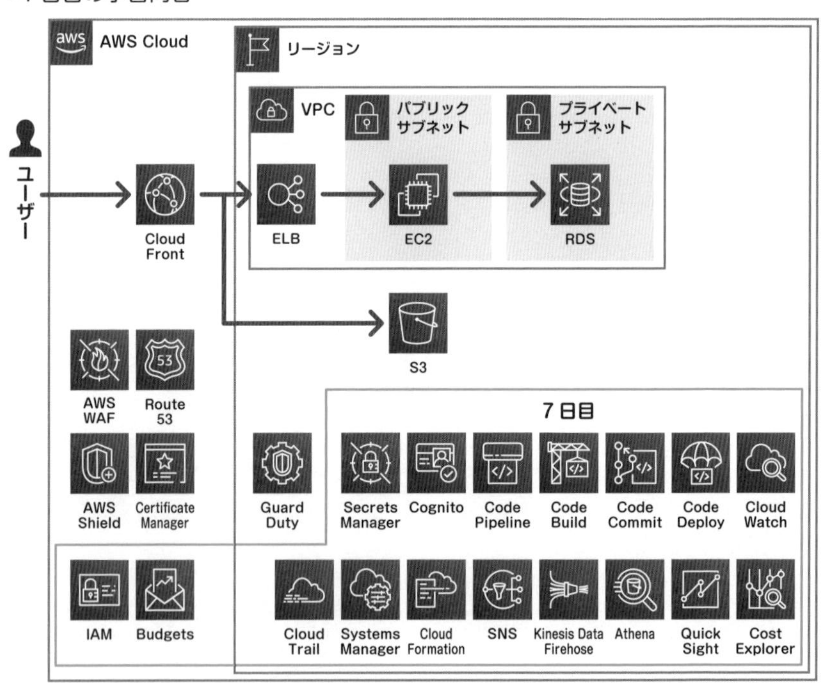

1 ITサービスを運用するための基礎知識

- □ ITサービスの運用
- □ ITサービスの運用費用の最適化

1-1 ITサービスの運用と監視

POINT!

・ITサービスの監視を行うと不具合に迅速に対応できる
・ITサービスの利用状況を把握すると費用対効果を高められる

ITサービスを公開した後に必要なこと

ITサービスを公開した後は、ユーザーがITサービスを利用することになります。そのため、例えばGmailのようなメール機能を提供するITサービスで不具合が発生すると、一時的にメールが見られなくなるなどユーザーの利便性が低下してしまいます。他にも、ショップ機能を提供するサービスで不具合が発生すると、獲得できるはずのポイントや割引優待が受けられなかったり、タクシーの配車機能を提供するサービスで不具合が発生すると、徒歩で移動しなくてはいけなくなったりと、ユーザーに金銭的負担や肉体的負担を強いるような場合もあります。また、このようなITサービスの不具合が長い間改善されない場合、ユーザーの不満がたまり、徐々にそのITサービスが使われなくなっていきます。最終的には、ユーザーが誰もいなくなり、ITサービスが存続できなくなる可能性もあります。

このような事態にならないためにも、ITサービスの提供者は、システムが正常に動作し続けていることを監視し、異常があれば速やかに復旧する必要があります。本書でここまでに説明した、ネットワークやWebサーバー、データベースサーバーなどは、ITサービスを正常に動作させるために必要不可欠なものです。そのため、万が一に備え、ネットワークやサーバーの異常を自動で検知する仕組みや、システム管理者に自動で通知する仕組みを導入し、なるべく早く対策を講じることが重要になります。

ITサービスの障害と監視

ITサービスの不具合が発生する原因として、多くの割合を占めるのが**ハードウェア障害**です。ハードウェア障害とは、利用している機器に物理的な異常が発生することで、ITサービスが正常に動作しなくなる障害です。ITサービスの場合、ネットワーク機器やサーバー、ストレージなどさまざまな機器を利用しているため、いつどこでハードウェア障害が発生するかは予測不可能です。そのため、各機器が出力する**ログファイル**の内容を定期的に監視し、エラーログが記載されている場合は、ハードウェア障害が発生したと判断する方法がよく採用されます。他にも、各機器に対して**ヘルスチェック**と呼ばれるネットワーク通信を行い、定められた時間内に正常な応答を返さない場合、その機器にハードウェア障害が発生したと判断する方法を併用することも多くあります。

ハードウェア障害の他に、ITサービス上で動作するプログラムを新規に作成したり更新したりする際に、誤った記述であるバグを埋め込んでしまう**ソフトウェア障害**があります。ソフトウェア障害の場合も、プログラムが出力するログファイルを定期的に確認することや、ヘルスチェックによるアプリケーションの応答確認が有効です。

●ITサービスの監視と復旧対応

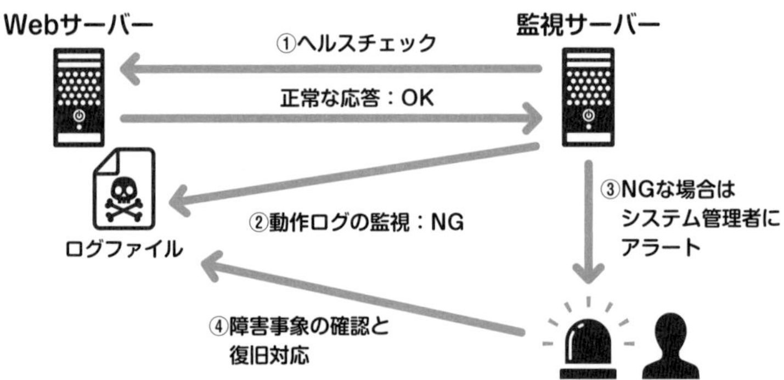

ITサービスの運用費用を最適化する

ITサービスに不具合が発生しなかったとしても、維持するための費用がかかりすぎると、ITサービスを提供し続けることが難しくなります。ITサービスの運用費用を最適化するには、利用量を想定してどれくらいの費用がかかるかを事前に計画することと、実際にユーザーがどの機能をどれくらい利用しているかを正確に把握することが重要です。事前の計画よりも実際の利用量が低い場合は、サーバーをスケールダウンしたり、ネットワーク帯域を減らしたりして、ITサービスの維持費を最適化することが求められます。

また、ITサービスの公開後は、ユーザーの意見に耳を傾け、より使いやすいようにITサービスを改善し続けることも必要です。そして、ITサービスを改善するためには、プログラムの開発やテスト、またプログラムをサーバーに配置するリリース作業などを繰り返し実施する必要もあります。このような作業を自動化すると、ITサービスの改善にかかる人的費用を削減したり、バグの混入を抑制したりできます。

●ITサービスの運用費用の最適化サイクル

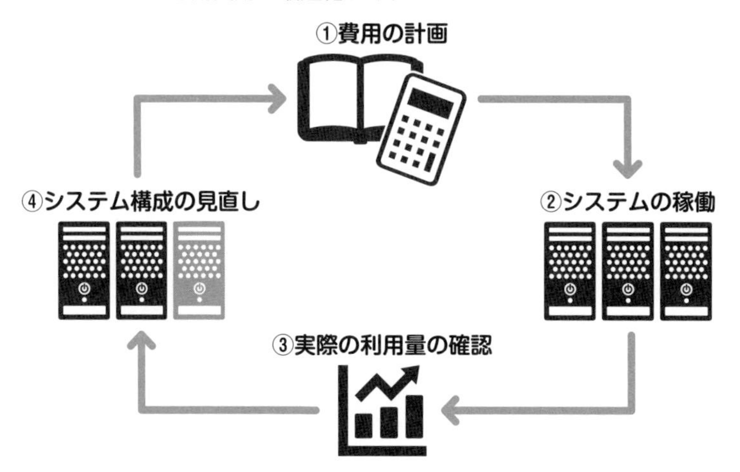

2 AWSサービスを用いてITサービスを運用する

- リソースの状況監視
- アクセス権限の最適化
- AWSの費用の最適化

2-1 リソースの状況を監視する

POINT!

・CloudWatchにより、AWSサービスの動作ログを確認できる
・CloudWatchアラームにより、不具合の発生時にアラート通知を行える

Amazon CloudWatchとは

ほぼすべてのAWSサービスは、動作状況をログに出力しています。そのログを閲覧できるAWSサービスが**Amazon CloudWatch**（以降、CloudWatch）です。CloudWatchでは、動作ログの他にも、**CloudWatchメトリクス**と呼ばれる、CPU利用率のようなリソースの状態を測定した値も収集しています。ITサービスの提供者は、このCloudWatchに蓄積されたログを分析できます。また、CloudWatchメトリクスごとのしきい値を定めて、しきい値を超えた場合にはシステム管理者への通知や自動復旧などを行うことも可能です。CloudWatchは、ほぼすべてのAWSサービスに対応しており、基本的なログの範囲であれば無料で利用できます。

用語

Amazon CloudWatch
AWSサービスやアプリケーションのログを閲覧、監視するサービスです。ほぼすべてのAWSサービスのログが自動で連携されます。

参考

仮想サーバーであるEC2において、標準のCloudWatchメトリクスには、メモリ使用率などが含まれていません。これらのメトリクスをCloudWatchで取得するためには、**CloudWatchエージェント**のインストールが必要です。CloudWatchエージェントをインストールすると、前述のメモリ使用率の他、ディスクの使用量や使用率、CPUがアイドル状態となっている割合など、80を超えるメトリクスが新たに取得できるようになります。

「CloudWatchアラーム」を用いたアラート通知

CloudWatchは、特定の条件を満たした場合に、他のAWSサービスを呼び出す機能を有しています。この機能を**CloudWatchアラーム**と呼びます。CloudWatchアラームを用いたユースケースで一般的なものは、**Amazon Simple Notification Service**（以降、SNS）を用いた自動通知です。SNSを用いると、設定したメールアドレスにアラート通知メールを送信できます。

CloudWatchアラームとSNSを組み合わせると、例えばWebサーバーとして動作するEC2インスタンスのCPU利用率が80%以上になった場合や、データベースサーバーとして動作するRDSインスタンスのストレージ利用率が90%以上になった場合に、システム管理者あてに数分以内にメールが送られます。システム管理者はメールを受け取り、スケールアップやスケールアウトなどの必要な対策を講じることが可能です。

●CloudWatchを用いた監視対応

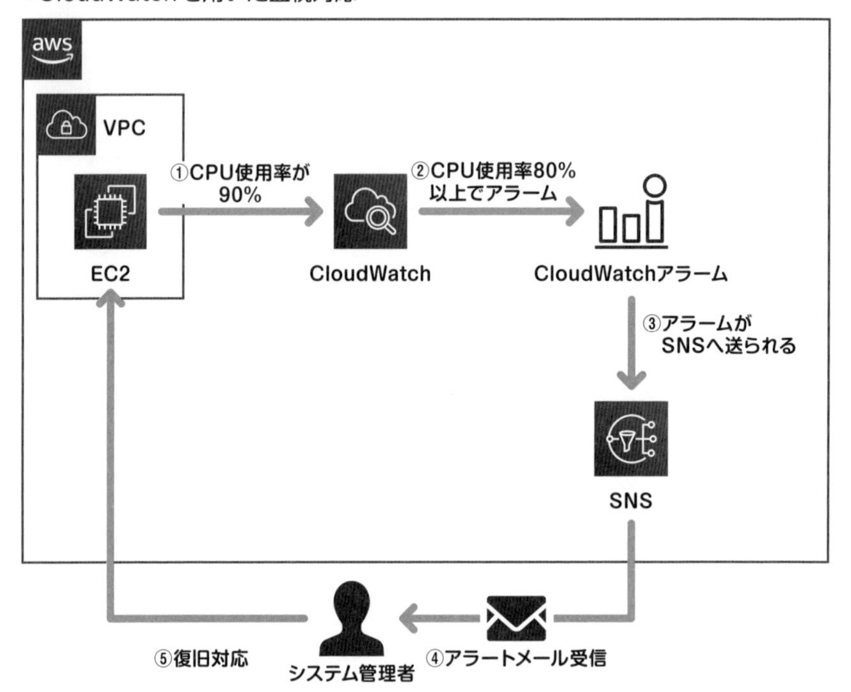

Amazon Simple Notification Service

SMSやメールなどを送信できるマネージドサービスです。メール送信の他にも、アプリケーション間で情報をやりとりするなど、広い用途のメッセージ送信・通知サービスとして利用できます。

2-2 アクセス権限を最適化する

POINT!

- IAMにより、AWSサービスの操作権限を付与できる
- CloudTrailにより、AWSサービスの操作ログを確認できる

AWS IAMとは

システムに不具合が発生する原因は、ハードウェア障害やソフトウェア障害が多いと説明しましたが、システムを操作できる権限を与えられたユーザーによる誤操作も、不具合を起こす原因となります。AWSサービスのアクセス権限を設定するAWSのサービスが、**AWS Identity and Access Management**（以降、IAM（アイアム））です。IAMを利用すると、それぞれのAWSサービスにおいて、**「誰が」「どのリソースに対し」「どのような操作を」行えるか**を設定できます。

●IAMで重要な要素

要素	権限設定における役割	説明
ユーザー	「誰が」	AWSサービスを利用する人。マネジメントコンソールにログインできるユーザーの他に、ユーザーの認証情報を設定したアプリケーションも含まれる
グループ	「誰が」	複数のユーザーの集まり。グループに後述のポリシーをアタッチ（付与）すると、所属するユーザーに対して一括で権限を設定できるため、権限の管理が楽になる
ロール	「誰が」	AWSサービスに設定する権限。まずAWSサービスにロールをアタッチし、そのロールに対して後述のポリシーをアタッチすると、そのAWSサービスから別のAWSサービスの情報を取得したり、操作したりできる。なお、AWSによりあらかじめポリシーがアタッチされたロールを利用することもできる
ポリシー	「どのリソースに対し」「どのような操作を」	どのAWSサービスに対して、どのような操作を許可するかを定義したもの。ユーザーやグループ、ロールに対してアタッチできる。最小権限の原則に従い、最低限の権限のみを設定することがAWSにより推奨されている。なお、AWSによりあらかじめ定義されたポリシーを利用することもできる

●「S3バケットの読み取りを可能にするポリシー」をアタッチする例

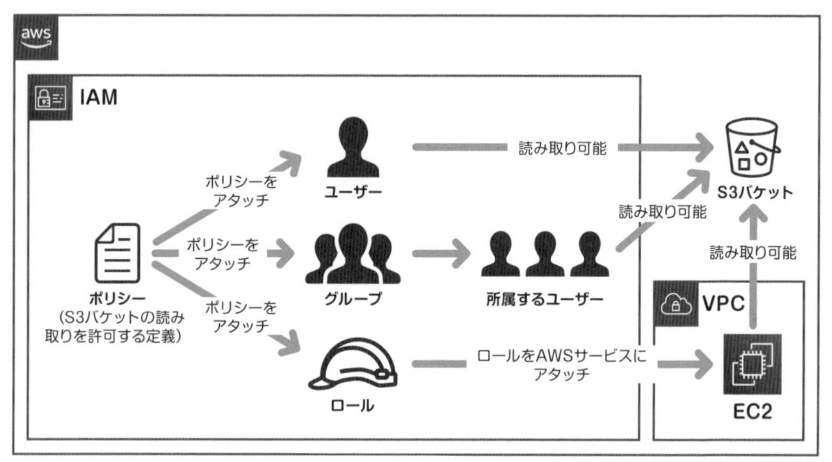

用語

AWS Identity and Access Management (IAM)
AWSサービスのアクセス権限を設定するAWSサービスです。それぞれのAWSサービスにおいて、「誰が」「どのリソースに対し」「どのような操作を」行えるかを設定できます。

用語

最小権限の原則
ユーザーやグループ、ロールを作成する際は、何も権限がない状態からスタートします。そこからシステムが動作するための最低限の権限を与えると、セキュリティリスクが最も低くなります。こうした「ある目的を満たす最小限の権限のみを与える」というルールを、一般に最小権限の原則と呼びます。原則に反して不要な権限を与えると、不具合が起きた場合や不正アクセスされた場合の被害が大きくなります。デバッグなどで一時的に権限を付与するなど特別な場合を除き、この原則を守るようにしましょう。

AWS CloudTrailとは

システムを操作できる最小権限をユーザーに与えたとしても、そのユーザーが悪意を持って内部不正すると、システムに不具合が発生してしまいます。そのため、不具合が発生した場合には、AWSサービスに想定外の操作が行われていないかの確認も重要です。**AWS CloudTrail**（以降、CloudTrail）は大部分のAWSサービスの操作ログを保存できるサービスです。不具合の発生後にCloudTrailで不正操作の疑いを確認したら、該当ユーザーの権限を一時的に無効化し、ユーザーの操作を洗い出すことで、システムやデータに不正な操作がないことを確認します。CloudTrailもCloudWatch同様、ほぼすべてのAWSサービスに対応しています。

●CloudTrailを利用した不正検知と対策

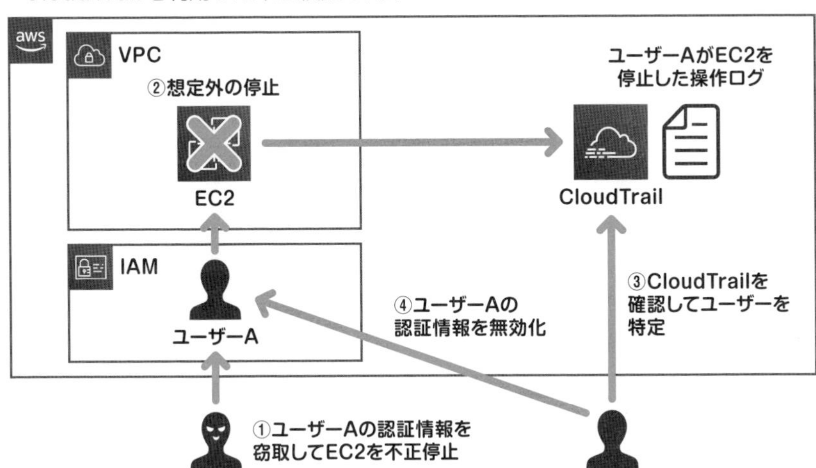

AWS CloudTrail

AWSサービスの操作ログを保存できるサービスです。EC2インスタンスの停止やS3バケットの作成など、ITサービス提供者がAWSサービスを操作したときに、操作履歴をログとして保存します。

なお、CloudTrailの操作ログのうち、S3バケットの作成やセキュリティ設定などの**管理イベント**と呼ばれる操作ログは、過去90日間分のログに限り無料で記録されます。さらにセキュリティを強化したいAWSサービスについては、より詳細な**データイベント**と呼ばれる操作ログを、有料で記録できます。

2-3 AWSの費用を最適化する

POINT!

- Cost Explorerにより、AWSサービスごとの利用料金を確認できる
- AWS Budgetsにより、予算設定と予算超過アラート通知ができる

AWS Cost Explorerとは

ここまでは、システムの不具合を自動で検知したり、適切な権限を設定したり、問題発生時の操作ログを確認したりする方法を解説してきました。続いて、システムが安定して動作した後に行うことは、システムを運用する費用の最適化です。運用中のシステムにおいて、利用しているAWSサービスそれぞれの費用を確認するためのAWSサービスが、**AWS Cost Explorer**（以降、Cost Explorer）です。

Cost Explorerを利用すると、システム全体の運用費において多くの割合を占めるAWSサービスを特定できます。例えば、Webサーバーとして利用しているEC2インスタンスの費用が全体の費用の８割を占めている場合、利用状況を踏まえてインスタンスタイプを安価なものに変更すると、大幅な費用削減につなげられます。

AWS Cost Explorer
利用しているAWSサービスそれぞれの費用を確認するためのAWSサービスです。毎月の費用の推移を、グラフで確認するといったことが可能です。

AWS Budgetsとは

AWSは使った分だけ請求される従量課金制のAWSサービスが多いため、その月の費用がいくらになるかは、最終日のAWSサービスの利用量が確定するまでわかりません。そのため、無計画にAWSサービスを利用していると、想定外の高額な費用が請求されることもあります。**AWS Budgets**を利用すると、AWSサー

ビスの運用費の予算計画を立てられます。

AWS Budgetsを利用して予算を設定すると、例えばその月の費用が予算を超過した場合や、予算の75%に到達した場合などに、システム管理者あてにアラートメールを送信できます。これにより、想定外の高額な費用が発生した場合に、即座に対策を講じることが可能です。

●AWS BudgetsとCost Explorerを使った費用管理

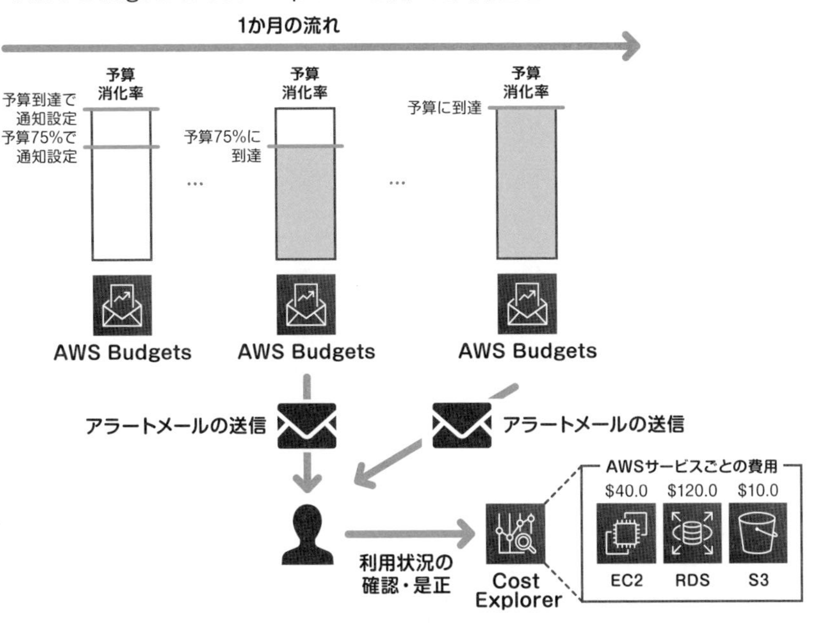

用語

AWS Budgets

AWSサービスの予算計画に利用できるAWSサービスです。費用が予算を超過した場合やしきい値を超えた場合に、アラートメールを送信できます。

試験にトライ！

Q 次のAWSの運用サービスの説明のうち、正しいものを2つ選択してください。

A. CloudWatchを利用することで、AWSサービスの動作状況を把握できる
B. CloudTrailを利用することで、内部不正を自動で検知できる
C. IAMを利用することで、AWSサービスの操作権限を付与できる
D. Cost Explorerを利用することで、AWSサービスの利用料金を自動で調整できる
E. AWS Budgetsを利用することで、当月のAWSサービスの利用料金を翌月に繰り越すことができる

A CloudWatchを利用することで、AWSサービスの動作状況のログや、CPU利用率などのメトリクスを確認できます。また、ログやメトリクスに異常が見られた場合は、システム管理者に通知することも可能です。
IAMを利用することで、AWSサービスの操作権限であるポリシーを定義したり、ユーザーやロールにポリシーをアタッチしたりできます。
CloudTrailは、EC2インスタンスの停止や、S3バケットの削除など、ITサービス提供者がAWSサービスを操作するログを保存するサービスです。内部不正の疑いがある操作ログの検索はできますが、内部不正を自動で検知することはできません。
Cost ExplorerはAWSの利用にかかった費用を確認するためのサービスです。AWSサービスごとの利用料金の確認はできますが、利用料金を自動で調整することはできません。
AWS Budgetsは予算計画を立てたり、予算超過時のアラートを送信できるAWSサービスです。利用料金を翌月に繰り越す機能はありません。

正解　**A、C**

3 AWSサービスの一歩進んだ使い方

- 開発効率を上げるAWSサービス
- 分析や認証などのAWSサービス

3-1 開発効率を上げるAWSサービス

POINT!

- AWS Codeシリーズにより、開発効率を向上できる
- CloudFormationにより、環境構築の効率化を図れる
- Systems Managerにより、運用作業の効率化を図れる

AWS Codeシリーズ

ITサービスは一度公開した後も、継続的に改善していくのが一般的です。しかし、ITサービスを変更するためには、アプリケーションの開発やテストの実施などに多くの人的コストが必要となります。また、ITサービスを変更すると、それまで安定して動作していたシステムに、不具合の原因となるバグが混入し、問題を引き起こす可能性があります。

ITサービスの変更に関わる人的コストを削減したり、人的ミスをなるべく減らしてバグの混入を防いだりするために利用するAWSサービス群が、**AWS Codeシリーズ**です。AWS Codeシリーズは、ソースコードの管理や自動テスト、サーバーに配置する資材の作成、サーバーへの資材の配置といった作業を自動化します。

ソースコード
3日目でも登場した、JavaやPythonなどのプログラミング言語を用いて文字列で記述された、人間が読めるプログラムのことです。

●AWS Codeシリーズに含まれるAWSサービス

AWSサービス	説明
AWS CodeCommit	Gitリポジトリを提供するAWSサービス。マネジメントコンソールから他のCodeシリーズと簡単に接続できる
AWS CodeBuild	ソースコードを実行可能な形式に変換するビルドや、自動テストを実行するAWSサービス。元となるソースコードを取得し、あらかじめ定義されたコマンドに沿って、ビルドや自動テストを実行する
AWS CodeDeploy	資材をサーバーやストレージに配置するAWSサービス。複数のAWSサービスをまとめて配置したり、サーバーに1台ずつ新しい資材を配置したりするなど、配置方法を細かく指定できる
AWS CodePipeline	CodeCommit、CodeBuild、CodeDeployなどを一連の処理であるパイプラインとして実行できるAWSサービス。CodePipelineを利用すれば、Gitリポジトリへのソースコードの登録に反応して、ビルドや自動テストの実行、サーバーの資材配置などを連続して行える
AWS CodeStar	プログラムの開発環境を即座に構築できるAWSサービス。プログラミング言語とAWSサービスの組み合わせがテンプレートとして30種類以上提供されており、テンプレートを選ぶだけでGitリポジトリや上記のCodeシリーズを使ったパイプラインが自動で構築される

●Codeシリーズの利用イメージ

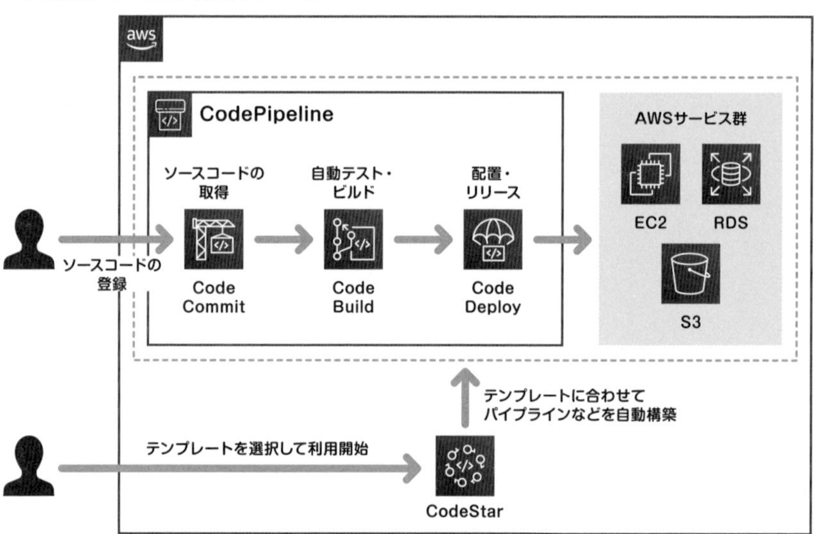

Git（ギット）
ソースコード管理ツールであり、いつ、誰が、どのファイルの、どの箇所を修正したのかといった、更新履歴を管理する機能が備わっています。ソースコードや運用手順書などのファイルを登録、更新、削除するツールとして利用可能です。

ビルド
利用するプログラミング言語によっては、ソースコードをコンピュータが実行可能な形式に変換する、**コンパイル**が必要です。また、複数のソースコードを組み合わせて1つのソースコードを作成するなど、人が読める別の形式に変換することを**トランスパイル**（またはトランスコンパイル）と呼びます。この、コンパイルもしくはトランスパイルを行うことを、ビルドと呼びます。CodeBuildは、あらかじめ定義されたコマンドに沿って、このようなビルド処理を実行します。

AWS CloudFormation

ここまでの説明では、AWSサービスはマネジメントコンソールから作成および更新していました。ここで、一般的なケースとして、実際のユーザーが使う商用環境と、開発者のみが利用する開発環境に、同じAWSサービスを構築する場合を考えます。

このケースでは、環境の数だけ構築作業の手間がかかりますし、片方でマネジメントコンソールの操作を誤ってしまうと、環境間で設定に差異が生じてしまいます。さらに、テストを行っても環境間の設定差異に気付けなかった場合、商用環境のみ不具合が生じる、といった問題につながる可能性があります。

このような問題に対応できるサービスが、**AWS CloudFormation**（以降、CloudFormation）です。CloudFormationは、ほぼすべてのAWSサービスを設定ファイルとして管理でき、同じ設定ファイルを用いて、複数の環境にまったく同じAWSサービスを構築できます。これにより、環境構築の手間が省けると同時に、環境間の差異をなくせます。特に、多くのAWSサービスを利用したITサービスで、同じような環境を複数構築する必要がある場合に、大きな効果を発揮します。

このように、設定ファイル形式でサーバーなどのインフラストラクチャを構築することを、Infrastructure as Code（以降、IaC（アイエーシー））といいます。CloudFormationはAWSサービスのIaC化を実現します。

AWS CloudFormation
ほぼすべてのAWSサービスを設定ファイルとして管理できるサービスです。AWSサービスを設定ファイル化することで、同じ構成のAWSサービスが簡単に複製できます。

商用環境と開発環境
ITサービスを安定稼働させるためには、継続的な開発が必要ですが、開発を行うことで、ユーザーへ悪影響を与えてしまっては本末転倒です。そこで、ユーザーへITサービスを提供するための構成とは別に、システム開発者が利用する、開発用の構成やテスト用の構成を用意することが一般的です。この構成のことを一般に環境と呼び、商用環境、テスト環境、開発環境などと呼称します。

Infrastructure as Code（IaC）
サーバーやネットワーク機器などの構成を設定ファイル形式で記述し、そのファイルを用いてインフラストラクチャを構築することを指します。IaCを実現すると、同じインフラストラクチャの構成が簡単に再現できるため、効率的かつ安全に環境を構築できるようになります。

AWS Systems Manager

中規模～大規模のシステムを構築する場合、EC2とオンプレミスの両方のサーバーを利用したり、EC2が複数のAWSアカウントやリージョンにまたがったりするケースがしばしばあります。その場合、セキュリティパッチの適用などの運用作業を、サーバー1台ずつに対して行っていくのは大変です。特に、サーバーの台数が多い場合や、サーバーの配置場所がばらばらの場合は、サーバー全体の管理が煩雑になりがちです。

このようなケースに対応するAWSサービスが**AWS Systems Manager**（以降、Systems Manager）です。Systems Managerを利用すると、オンプレミスのサーバーや複数のAWSアカウント、世界中のリージョンに散らばったEC2インスタンスを、1つの画面で管理できます。例えば、セキュリティパッチを一括で適用したり、バックアップ設定を1つの画面で行ったりすることが可能です。

●Systems Managerを利用した複数サーバーの一元管理

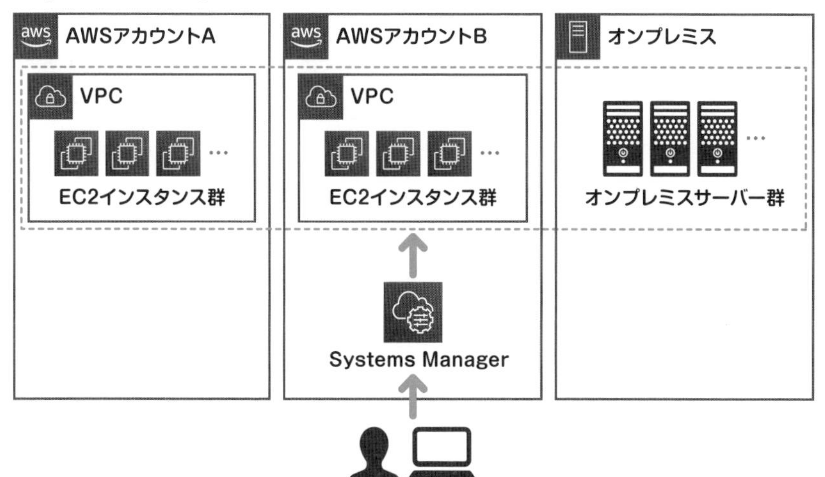

AWS Systems Manager

オンプレミスのサーバーや、異なるAWSアカウント・リージョンのEC2インスタンス1つの画面で管理できるAWSサービスです。管理対象のサーバーへのログインや、セキュリティパッチの一括適用、バックアップの一元管理など、さまざまな機能を有しています。

3-2 分析や認証などのAWSサービス

POINT!

・複数のAWSサービスを組み合わせて、ビッグデータを分析できる
・Parameter Storeなどを利用して、パスワードを安全に保管できる
・Cognitoにより、ITサービスにログイン機能を追加できる

ビッグデータの分析を行う

数年前から、パソコンなどの情報通信機器に限らず、家電製品や自動車などあらゆるモノをインターネットに接続する**IoT**（アイオーティー）**(Internet of Things)** が広まっています。同時に、IoTによって得た情報を活用したITサービスも増えています。例えば工場内に設置した温度センサーや湿度センサー、定点カメラなどをインターネットに接続し、測定値や映像データを１箇所に集めます。これらのデータを総合的に判断することで、工場が正常に稼働しているかをリアルタイムで判断するITサービスが提供できます。なお、この例のように、センサーなどから絶えず送信されるデータを**ストリーミングデータ**と呼びます。

Amazon Kinesis Data Firehose（以降、Kinesis Data Firehose）は、ストリーミングデータをS3などに送信するために利用するAWSサービスです。Kinesis Data Firehoseを使ってストリーミングデータをS3に蓄積した後は、**Amazon Athena**（以降、Athena）によって、いつ、どこで、誰が、どのようにITサービスを使ったのかなど、簡易的に情報を検索できます。また、**Amazon QuickSight**（以降、QuickSight）を用いると、集計したデータをWebブラウザ上にグラフ表示したり、マウス操作で絞り込みを行ったりするなどして、画面から利用状況を分析できます。

ビッグデータ

ビッグデータとは、一般的なデータベースでは蓄積や分析ができないほど、膨大かつ複雑なデータのことを指します。本文中の例のように、工場全体のセンサーやカメラから集められた膨大かつ多様なデータはビッグデータといえます。

●AWSサービスを利用したビッグデータの収集と分析

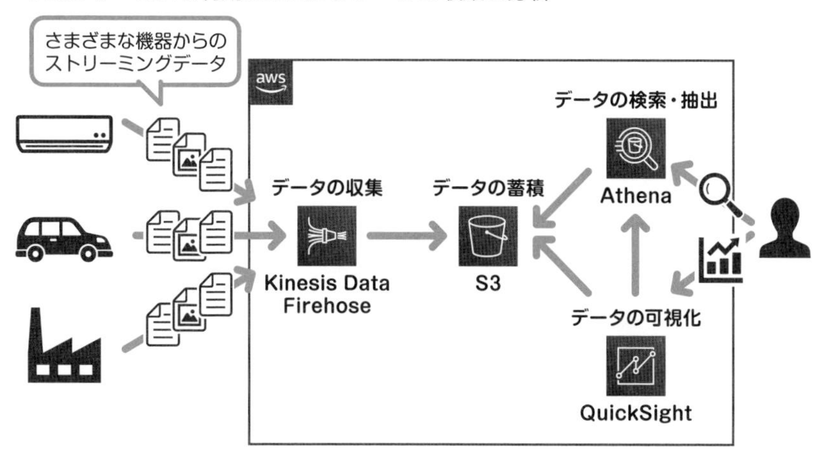

Amazon Kinesis Data Firehose

ストリーミングデータをS3などに送信するために利用するAWSサービスです。ストリーミングデータの収集・送信だけではなく、データを変換する機能も有しています。

Amazon Athena

4日目で解説したデータ抽出言語であるSQLを利用して、S3上のデータを抽出できるマネージドサービスです。S3に配置したログやデータファイルを分析する目的でよく利用されます。

Amazon QuickSight
S3のデータやAthenaによって抽出したデータを可視化できるマネージドサービスです。データをグラフや表などで可視化することで、ビジネス部門に分析結果を簡単に共有できます。

重要な情報を安全に保管する

データベースのパスワードや、連携システムのAPIキーなど、機密情報にアクセスするための資格情報をシークレット情報と呼びます。シークレット情報を安全に保管、利用するためのAWSサービスが**AWS Systems Manager Parameter Store**(以降、Parameter Store)です。Parameter Storeを用いると、ソースコードやIaCの設定ファイルにパスワードを直接記述しないようにできるため、情報漏えいのリスクを下げられます。なお、Parameter Storeは無料で利用できます。

Parameter Store同様、AWSサービスで利用するシークレット情報を安全に保管、利用するためのAWSサービスが**AWS Secrets Manager**(以降、Secrets Manager)です。Parameter Storeとの大きな違いは、シークレット情報の自動更新をサポートしていることです。シークレット情報の自動更新を行うことにより、総当たり攻撃などでパスワード認証が突破される可能性が低くなるため、セキュリティリスクが低減します。また、システム要件として、パスワードは必ず30日で更新する、といったルールがある場合に、運用負荷を軽減することができます。なお、Secrets Managerは有料サービスです。

AWS Systems Manager Parameter Store
データベースのパスワードといった機密性の高い文字列を、安全に保管できるマネージドサービスです。Systems Managerの機能の1つとして提供されます。

AWS Secrets Manager
データベースのパスワードといった機密性の高い文字列を、安全に保管し、さらに30日などの設定した期間で自動更新できるマネージドサービスです。

ITサービスに認証機能を追加する

ITサービスに認証機能を追加すると、会員制のITサービスを構築できます。会員制のITサービスは、システム上でユーザーが識別されるため、ユーザーごとの情報をデータベースに保存できます。そのため、各ユーザー専用のページを提供するといったことができるようになり、ユーザーの利便性の向上につながります。

Amazon Cognito（コグニート）（以降、Cognito）は、認証機能を提供するAWSサービスです。Cognitoを利用すると、ITサービスに独自のログイン機能や、Googleアカウントや Amazonアカウントといった既存サービスのアカウントを使ったログイン機能である、**ソーシャルログイン**を設けられます。

●Cognitoを利用したログイン認証のイメージ

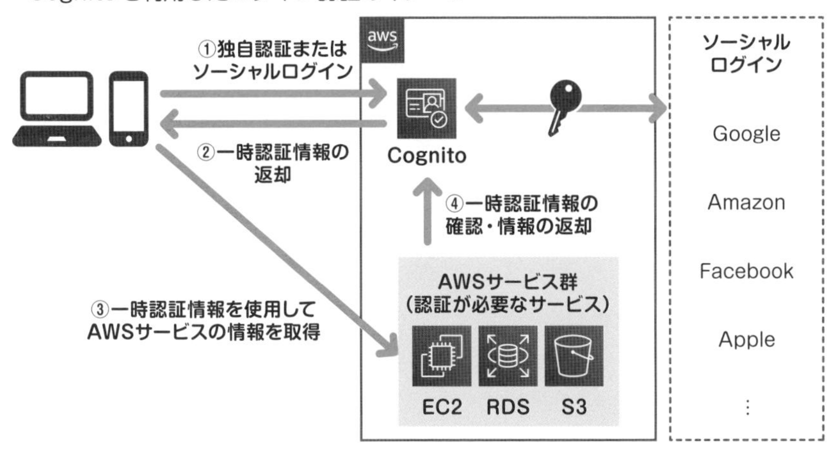

Amazon Cognito
スマートフォンアプリやWebサイトなどに、会員登録やログイン機能を提供できるマネージドサービスです。独自のログイン機能の他、ソーシャルログインにも対応しています。

試験にトライ!

Q ITサービスを効率的に開発するためのサービスは次のうちどれですか（2つ選択）。

A.　AWS CloudTrail
B.　AWS CodePipeline
C.　AWS CloudFormation
D.　AWS Secrets Manager
E.　Amazon Cognito

A CodePipelineを利用すると、Gitリポジトリへのソースコードの登録に反応して、ビルドや自動テストの実行、サーバーの資材配置などを連続して行うことができ、開発効率が向上します。CloudFormationによってAWSサービスがIaC化されると、同じ設定ファイルを用いて、複数の環境にまったく同じAWSサービスを構築できるため、インフラストラクチャを構築しやすくなります。
CloudTrailは、AWSサービスの操作ログを保存するためのAWSサービスであり、開発効率を向上させるものではありません。また、Secrets Managerも、パスワードなどのシークレット情報を安全に管理、自動更新するAWSサービスのため、開発効率を向上させるものではありません。Amazon Cognitoも同様に、ITサービスに認証機能を設けることができるAWSサービスであり、開発効率を向上させるものではありません。

正解　**B、C**

7日目のおさらい

問　題

Q1

次のうち、CloudWatchではできないことを1つ選択してください。

A. アプリケーションの動作ログを確認する
B. マネジメントコンソールのログイン履歴を確認する
C. CPU使用率などのメトリクスを確認する
D. SNSと連携してアラートを通知する

Q2

次のうち、IAMを利用する目的を2つ選択してください。

A. ログインユーザーにAWSサービスを操作する権限を与える
B. AWSサービスに他のAWSサービスを操作する権限を与える
C. AWSアカウントを削除する権限を与える
D. AWSサービスごとに適切な権限を自動で与える

Q3

次のうち、AWSの費用に関する正しい説明を2つ選択してください。

A. AWS Budgetsを利用すると、AWSの費用の予算設定や予算超過時のアラートを設定できる
B. CloudWatchを利用すると、従量課金額をログから確認できる
C. Cost Explorerを利用すると、AWSサービスごとの費用を確認できる

D. Systems Managerを利用すると、AWSサービスごとの費用を管理できる

次のうち、AWS Codeシリーズを利用すると可能になることを2つ選択してください。

A. 自動テストを行い、ソースコードを自動で修正する
B. 自動権限検出を行い、アプリケーションが必要とする権限を自動で付与する
C. 自動テストを行い、テストに合格した場合のみサーバーに資材を配置する
D. IaC化されたAWSサービスの作成や更新を自動で行える

あなたは、IoT機器から取得したビッグデータを集計し、Webブラウザで表示する、一般公開向けのITサービスを構築しています。このITサービスは有料であり、ユーザーはITサービスにログインすると有料機能への申し込みができます。このITサービスをAWSサービスを使って構築する際に、利用するAWSサービスを2つ選択してください。

A. AWS Direct Connect
B. Amazon Cognito
C. Amazon Kinesis Data Firehose
D. AWS Storage Gateway

解 答

A1 B

CloudWatchは、Lambdaなどで実行されるアプリケーションの動作ログや、EC2インスタンスのCPU利用率などのメトリクスを確認できるAWSサービスです。動作ログやメトリクスの値に異常がある場合は、SNS（Simple Notification Service）と連携して、システム管理者にアラートメールを送信できます。マネジメントコンソールのログイン履歴を確認できるAWSサービスは、CloudTrailです。

➡ P.228、P.229

A2 A、B

IAMは、ユーザーやグループ、ロールに対して、AWSサービスを操作する権限を与えられるAWSサービスです。このユーザーには、マネジメントコンソールのログインユーザーが含まれます。また、AWSサービスにロールをアタッチし、そのロールに権限定義であるポリシーをアタッチすると、他のAWSサービスを操作する権限を与えられます。AWSアカウントを削除する権限を与えたり、権限を自動で付与したりするような機能はありません。

➡ P.231

A3 A、C

AWS Budgetsを利用すると、AWSサービスの運用費の予算計画を立てられます。さらに、その月のAWSの費用が設定した予算額を超過したときや、予算額の50%に到達したときなどに、システム管理者あてにアラートメールを送信できます。Cost Explorerを利用すると、利用しているAWSサービスそれぞれの費用を確認できます。CloudWatchには、従量課金額をログから確認する機能はありません。また、Systems Managerには、費用を管理する機能はありません。

→ P.234

A4 C、D

Codeシリーズのうち、CodePipelineとCodeBuild、CodeDeployを組み合わせると、自動テストを行い、テストに合格した場合のみサーバーに資材を自動配置できます。また、IaC化されたAWSサービスの場合、CodePipelineによりAWSサービスそのものを作成したり更新したりすることが可能です。CodeシリーズのAWSサービスには、自動テスト後にソースコードを自動で修正するものや、権限を自動で付与するものはありません。

→ P.237

A5 B、C

Cognitoを利用することで、ITサービスにログイン機能を追加できます。また、IoT機器の動作ログのようなストリーミングデータの収集には、Kinesis Data Firehoseを用いることが可能です。Direct Connectは専用線接続サービスであり、主に自社拠点などのプライベートネットワークとAWSの接続に用います。今回のケースはAWSサービスを用いて構築する、一般公開向けのITサービスのため、不適切です。また、Storage Gatewayはオンプレミス環境のサーバーに対し、ストレージとしてS3を利用できるようにするためのAWSサービスであり、今回のケースではDirect Connect同様に不適切です。

→ P.242、P.245

Index

A

C〜N

O～X

ア行

カ行

サ行

タ行・ナ行

ハ行

マ行

ラ行

■著者

鮒田 文平（ふなだ ぶんぺい）

株式会社NTTデータ
ITスペシャリストとして、オンプレミスからクラウド、また、PoCから要件定義・設計・構築・試験・運用と幅広く担当。
近年は主にAWSを用いたシステム開発に従事し、「AWS Certified Solutions Architect - Professional」をはじめとした各種AWS認定資格を保有。

相川 諒太（あいかわ りょうた）

株式会社NTTデータ フィナンシャルテクノロジー
勘定系システムのオープンシステム移行向けフレームワークの開発に従事。
AWS Certified Solutions Architect - Associate等の資格を保有。

日暮 拓也（ひぐらし たくや）

株式会社NTTデータビジネスシステムズ
AWS×サーバレスを得意領域とし、システムアーキテクト、Webエンジニアを担当。
IPAシステムアーキテクト、IPAネットワークスペシャリスト、AWS Certified Solutions Architect - Associate等の資格を保有。

STAFF

編集	リブロワークス
制作	リブロワークス・デザイン室
表紙デザイン	阿部修（G-Co.Inc.）
表紙イラスト	神林美生
本文イラスト	神林美生　高橋結花
表紙制作	鈴木薫
デスク	千葉加奈子
編集長	玉巻秀雄

■商品に関する問い合わせ先
このたびは弊社商品をご購入いただきありがとうございます。本書の内容などに関するお問い合わせは、下記のURLまたは二次元バーコードにある問い合わせフォームからお送りください。
https://book.impress.co.jp/info/
上記フォームがご利用いただけない場合のメールでの問い合わせ先
info@impress.co.jp
※お問い合わせの際は、書名、ISBN、お名前、お電話番号、メールアドレス に加えて、「該当するページ」と「具体的なご質問内容」「お使いの動作環境」を必ずご明記ください。なお、本書の範囲を超えるご質問にはお答えできないのでご了承ください。

●電話やFAX でのご質問には対応しておりません。また、封書でのお問い合わせは回答までに日数をいただく場合があります。あらかじめご了承ください。
●インプレスブックスの本書情報ページ https://book.impress.co.jp/books/1122101097 では、本書のサポート情報や正誤表・訂正情報などを提供しています。あわせてご確認ください。
●本書の奥付に記載されている初版発行日から3 年が経過した場合、もしくは本書で紹介している製品やサービスについて提供会社によるサポートが終了した場合はご質問にお答えできない場合があります。

■落丁・乱丁本などの問い合わせ先
FAX 03-6837-5023
service@impress.co.jp
※古書店で購入されたものについてはお取り替えできません。

1週間でAWS（エーダブリューエス）認定資格の基礎が学べる本

2023年3月21日 初版発行
2024年8月21日 第1版第2刷発行

著者 株式会社NTTデータ 鮒田 文平
株式会社NTTデータ フィナンシャルテクノロジー 相川 諒太
株式会社NTTデータビジネスシステムズ 日暮 拓也

監修者 株式会社NTTデータ 川畑 光平

発行人 小川 亨

編集人 高橋隆志

発行所 株式会社インプレス
〒101-0051 東京都千代田区神田神保町一丁目105番地
ホームページ https://book.impress.co.jp/

印刷所 株式会社 暁印刷

ISBN978-4-295-01630-4 C3055

Printed in Japan